★『农家书屋』特别推荐书系

》种植技术类

无公害反季节蔬菜栽培技术
（上）

刘明月/主编
陈学文/副主编
蔡雁平 肖深根/参编

湖南科学技术出版社

图书在版编目(CIP)数据

无公害反季节蔬菜栽培技术/刘明月编著.—长沙:湖南科学技术出版社,2009.3
ISBN 978-7-5357-5618-3

I.无… Ⅱ.刘… Ⅲ.蔬菜-温室栽培-无污染技术
Ⅳ.S626.5

中国版本图书馆 CIP 数据核字(2009)第 031105 号

无公害反季节蔬菜栽培技术(上)

主　　编:刘明月
责任编辑:彭少富
出版发行:湖南科学技术出版社
社　　址:长沙市湘雅路 276 号
　　　　　http://www.hnstp.com
印　　刷:唐山新苑印务有限公司
　　　　　(印装质量问题请直接与本厂联系)
厂　　址:河北省玉田县亮甲店镇杨五侯庄村东 102 国道北侧
邮　　编:064101
出版日期:2017 年 10 月第 1 版第 2 次
开　　本:787mm×1092mm　1/32
印　　张:4.25
字　　数:160000
书　　号:ISBN 978-7-5357-5618-3
定　　价:35.00 元(共二册)

(版权所有·翻印必究)

目 录

第一章 无公害反季节蔬菜生产基本知识 …………… 1
  第一节 无公害反季节蔬菜的基本概念 ………… 2
  第二节 无公害蔬菜生产的基本措施 …………… 5
  第三节 反季节蔬菜生产的基本形式 …………… 14
第二章 无公害反季节茄果类蔬菜栽培 ……………… 19
  第一节 辣椒 ………………………………………… 19
  第二节 番茄 ………………………………………… 35
  第三节 茄子 ………………………………………… 51
第三章 无公害反季节瓜类蔬菜栽培 ………………… 62
  第一节 西葫芦 ……………………………………… 62
  第二节 黄瓜 ………………………………………… 68
  第三节 冬反 ………………………………………… 79

第四节 西瓜 …………………………………… 87

第五节 甜瓜 …………………………………… 99

第六节 丝瓜 …………………………………… 114

第七节 苦瓜 …………………………………… 123

第一章 无公害反季节蔬菜生产基本知识

蔬菜是人们日常生活不可缺少的重要食物，不仅是佐餐的需要，更为重要的是蔬菜能为人们提供丰富的维生素、矿物质、碳水化合物和有机酸及植物蛋白，具有调节体内酸碱平衡、促进肠胃蠕动、帮助消化、刺激食欲等多方面的作用，对维持人体正常生理功能有着重要甚至不可替代的营养价值。此外，很多野生蔬菜、稀有蔬菜有特殊风味，有的还有抗癌防病作用，是高档的抗癌保健蔬菜。蔬菜生产在整个农业乃至国民经济中占有十分重要的地位。

随着经济和社会的发展，人们生活水平日益提高，膳食结构在不断优化，不仅要求蔬菜产品供应充足，而且还要求清洁、无污染、无公害；也对蔬菜的周年生产和供应提出了更高的标准，即要求四季花色多样、品种丰富，叶菜、果菜、根菜、茎菜、花菜等协调搭配。因此，发展无公害反季节蔬菜生产就成为了新形势下蔬菜生产的客观要求和发展方向，也是蔬菜科研机构和生产企业（农户）共同面临的课题。

第一节 无公害反季节蔬菜的基本概念

一、无公害蔬菜的概念

根据我国的有关规定,"无公害蔬菜"是指产品中有毒物质的含量低于人体安全食用标准的蔬菜,而有毒物质主要是以蔬菜中的农药残留量和重金属含量为衡量指标。因此,凡是蔬菜中农药残留量及重金属含量低于国家允许标准的蔬菜,均称为"无公害蔬菜"。具体所指的农药及重金属的种类、含量上限见表1-1。

表1-1 我国蔬菜食品卫生标准

农 药	允许标准（毫克/千克）	有害元素	允许标准（毫克/千克）
六六六	≤0.2	Hg	≤0.01
DDT	≤0.1	Cd	≤0.05
甲胺磷	不得检出	Pb	≤1.0
杀螟硫磷	≤0.2	As	≤0.5
倍硫磷	≤0.05	Cu	≤1.0
敌敌畏	≤0.2	Zn	≤20
乐 果	≤1.0	Se	≤0.1
马拉硫磷	不得检出	F	≤1.0
对硫磷	不得检出	稀土	≤0.7

表中所列的农药对人体的毒害是显而易见的。之所以同时严格控制蔬菜产品中重金属及其他有害元素的含量,也与其毒性有关,如有机汞对人体的神经系统有明显的毒

害，对肝、肾也有很大的损害，可导致慢性中毒，出现强直性痉挛，最后可全身麻痹致死。有机砷（三氧化二砷）侵入人体胃肠道，变成亚砷酸，聚积在肝、肾和肠壁，抑制细胞呼吸而导致细胞死亡。而铜离子侵入人体肠胃道，导致蛋白质沉淀，破坏细胞原生质引起中毒，铜化合物进入血液能引起呼吸、脉搏不正常，呕吐，全身剧痛，腹泻，心脏活动减弱，意识丧失及昏迷。

随着科学研究的深入和认识能力的提高，除须严格控制农药残留量和重金属等有害元素的含量外，近年来人们对硝酸盐类的危害性的认识在不断增强，并已确定其为控制对象。硝酸盐本身对人畜无害，但硝酸盐在人体和动物体内经微生物作用极易还原成亚硝酸盐，而亚硝酸盐是一种有毒物质，它可直接使动物和人体中毒缺氧，患亚铁血红蛋白症。更严重的是，亚硝酸盐能和胃中（强酸性条件下）的含氮化合物仲胺、叔胺、季胺等结合形成强致癌物质亚硝胺。世界上现已发现亚硝胺类化合物120多种，其中确认有致癌性的占75%。据研究，人体摄取的硝酸盐70%左右来自蔬菜，因此控制蔬菜中硝酸盐含量就显得十分重要。联合国粮农组织和卫生组织规定，人体按体重计，每天每千克体重对硝酸盐（按亚硝酸钠计）的摄入量不得超过5毫克。

无公害蔬菜尽管其产品农药及有害元素含量未超出国家允许指标，也属"绿色食品"的范畴，但不等同于

"绿色食品蔬菜"。可以说无公害蔬菜是绿色食品蔬菜的初级产品。发展无公害蔬菜生产把对生态环境的污染和破坏降低到很小的程度：一方面保持了良好的生态环境，为持续稳定地发展蔬菜生产创造了有利条件；另一方面也保护了人类免遭严重的危害，可获得显著的生态效益。发展无公害蔬菜，严格地控制蔬菜产品中的有毒物质通过食物链进入人体而累积，保障了消费者的身体健康，具有明显的社会效益。发展无公害蔬菜，其产品可在受到广大消费者青睐的前提下"优质优价"，占领并扩大市场从而获得可观的经济效益，具有广阔的发展前景。

二、反季节蔬菜的概念

随着人们生活水平的提高，不仅要求蔬菜品种多样化、产品洁净质优、安全卫生，还要求周年都能供应。而我们知道，尽管蔬菜种类繁多，经常栽培的也有 40～50种，但这些种类有着各自的生态习性，在某地区生产有一定的季节性，在自然条件下不可能全年随时栽培、连续上市。如春秋两季传统栽培的黄瓜、番茄、辣椒等喜温蔬菜，冬季自然条件下湖南就不能栽培；青花菜、芹菜、甘蓝、大白菜等秋冬季或春季栽培的喜冷凉蔬菜在湖南炎热的夏季也难以露地栽培。因此，利用独特的自然条件和保护地设置及技术，发展促成栽培、早熟栽培、越夏栽培、延迟栽培等，克服夏季高温、暴雨，冬季严寒寡照等不利条件，做到排开播种，分批上市，周年供应，已成为实现优质高产高效农业的关键技术。

以上分析可以得知，反季节蔬菜生产就是利用当地独特的自然条件（如高海拔山区夏季凉爽，背靠大山地势较低冬季暖和或有地热温泉等）或利用温室、大棚、小拱棚、地膜及遮阳网等设施进行保护栽培，在自然条件下不适宜的季节进行某种蔬菜的生产。反季节生产所获得的蔬菜就叫反季节蔬菜。

反季节蔬菜生产主要有夏季反季节蔬菜生产、冬季反季节蔬菜生产、秋延后蔬菜生产和春提早蔬菜生产等形式。

第二节 无公害蔬菜生产的基本措施

一、建立无公害蔬菜生产的基地和设施

选择交通、通信较发达的城市近郊建立无公害蔬菜生产基地并设置配套设施是进行无公害蔬菜生产的首要任务。要求基地周围不存在环境污染，地势较平坦，排灌条件均好，土质肥沃，富含有机质，尽量避开长期种植蔬菜的"老菜园"。

建立无公害蔬菜生产基地，必须根据环保部门提供的资料或定点调查、检查的结果，选择污染轻或基本无污染的地域作基地，切实防止环境污染，包括防止大气、水体、土壤污染，特别要防止工业"三废"（废气、废水、废渣）的污染，防止城市生活污水、废弃物、污染垃圾、

粉尘和农药、化肥、残膜的污染。

　　基地附近尤其是水源上游不能有造成污染的钢铁厂、化工厂、冶炼厂、纺织厂、食品加工厂等污染源，基地灌溉水应是深井水、水库或河流等清洁水，避免用污水或塘水灌溉。具体水质标准见表1-2。基地距公路干线宜在100米以上，调查表明，离公路干线较近的蔬菜其产品中铅、镉等重金属含量大大超过允许标准。

　　按以上基本要求初选后，应对基地的环境进行定量检测，土壤中农药、重金属、硝酸盐类等均应低于允许标准。水质、空气质量应分别符合国家《农田灌溉水质标准》和《保护农作物的大气污染物最高允许浓度》的要求。

　　无公害蔬菜生产基地选定后，应进一步进行菜田建设规划，将选定区域统一规划田块、道路、防护林或安全保护设施，沟渠等排灌系统、粪池、产品堆放坪等，使田、沟、渠、路、林、池、坪配套。

表1-2　农田灌溉水质标准

项　　目	一　　类	二　　类
水　　温	35℃	35℃
氢离子浓度 pH 值	5.5~8.5	5.5~8.5
含盐量	≤1000 毫克/升	≤1500 毫克/升
氯化物	≤200 毫克/升	≤200 毫克/升
硫化物	≤1 毫克/升	≤1 毫克/升
汞及化合物	≤0.001 毫克/升	≤0.001 毫克/升
镉及化合物	≤0.002 毫克/升	≤0.005 毫克/升

在基地建设时还必须考虑，根据本地的自然和经济条件适度建立生产设施。目前，保护无公害蔬菜生产的园艺设施主要是各种类型的塑料大棚，玻璃或薄膜温室、日光温室，还有遮阳网、无纺布、防虫网等农用材料相配套。随着芽苗菜的快速发展，棚室内的水培、沙培、立体种植模式也正在普及，因此还应建立相应的设施。

蔬菜为噪约栽培的作物，对土壤条件要求较高。新老菜地均须不断改良土壤结构，提高土壤肥力。土壤改良的方法主要有：①黏重土采用增施有机肥、种植绿肥、冬季深耕冻垡、夏季深耕曝晒及掺沙等方法。②低洼盐碱土采用建立和健全排灌系统，洗盐，深耕晒垡，中耕，增施有机肥等方法。③老菜园土可实行轮作，打石灰消毒等方法加以改良。

二、选择适宜的栽培方式、蔬菜种类及品种

1. 选择适宜的栽培方式。为达到无公害蔬菜的生产目的，应该充分利用不同栽培方式（这里指栽培制度和耕作制度）的优点，优化栽培技术体系。从病害、虫害和草害的防治的角度来看，水旱轮作、粮菜轮作、菜菜轮作等栽培制度都有利于降低化学农药、除草剂的使用次数和用量，减轻化学防治对土壤、水体，尤其是对蔬菜的污染。蔬菜保护地栽培，特别是周年应用的温室、大棚生产，不仅可以在淡季进行反季节生产，而且可起到防止大气污染的作用。但要注意，棚室长期生产易导致土壤次生盐渍化，需通过暗管灌溉并洗盐。夏季利用高山小气候生产无公害蔬菜。

2. 选择适宜的蔬菜种类。在环境条件相同的条件下，不同的蔬菜受污染的程度是不同的。据研究，根据易受污染程度不同，可将蔬菜分为三类：第一类是无污染类蔬菜，如根菜类、葱蒜类、薯芋类、瓜类、多年生蔬菜、香椿等；第二类是基本无污染类蔬菜，如水生蔬菜、茄果类、部分绿叶蔬菜（茼蒿、蕹菜、落葵、菠菜）及刀豆、菜豆、豇豆等豆类蔬菜；第三类是易污染类蔬菜，如叶菜类中的小白菜、大白菜、芥菜、甘蓝、莴苣、芹菜及花菜类中的花椰菜及青花菜等。因此，在发展无公害蔬菜时应优先考虑不易受污染的蔬菜种类，这样产品较易达到"无公害蔬菜"的有关要求，生产出合格产品。

3. 选择抗病耐逆的品种。生产无公害蔬菜时还必须选用抗逆性强、抗病虫危害、高产优质的蔬菜品种。如番茄，优良品种毛粉802因植株被生绒毛，不易受蚜虫危害，因而病毒病发生较少；丰抗系列大白菜品种，较抗病毒病、霜霉病和软腐病，生产上表现好。通过选用上述品种，能大幅度减少化学农药的用量，对生产无公害蔬菜十分有利。

三、综合运用农业技术措施

1. 加强蔬菜病虫害的预测预防工作。各种蔬菜的病虫害，其发生与发展都有一定的规律和特定的环境条件。

如高湿天气，昼夜温差大，早晨叶片上有水珠，大棚内壁滴水，这样的情况下易感染霜霉病、灰霉病和菌核病等。茄果类蔬菜幼苗破心前，如果床土湿、气温低，则特别容易发生猝倒病、灰霉病等病害。那么，就应该在白天晴朗的中午前后3～4小时适当揭膜，通风排湿，防止病害蔓延，还应拔去病株，对发病株床土消毒。又如环境干旱，气温又高，此时常常会发生蚜虫和白粉虱危害。另外，蔬菜苗期的生理病害也经常是由于温度过高或过低、营养不良、肥料未腐熟等原因引起，通过加强蔬菜病虫害预测预防工作，落实"预防为主，防、治结合"的方针，是发展无公害蔬菜生产的有效措施。

2. 改进蔬菜栽培技术。①及时清理田园。蔬菜种植前，要清除前茬植株残体、烂叶、根叉、杂草及农膜等废弃物，并予以深埋和销毁，净化蔬菜栽培环境，减少土壤携带病原微生物的机会。栽培期间也应及时清除上述杂物，更好地减轻病虫害发生和蔓延。②实行轮作。轮作，特别是水旱轮作、粮菜轮作能有效地减少土壤中的病菌，同时还能充分利用土地资源，夺取作物高产。换茬时，应避免种植同科蔬菜，葱蒜类是很好的前茬。③改进施肥技术。蔬菜需肥量大，有"一亩菜地十亩粮田"之说。因此，在蔬菜施肥时，应避免偏施氮肥的做法，做到"氮磷钾相结合，有机无机相结合，迟效性速效性相结合，基肥追肥相结合"，具体来讲，就是在结果、结薯、根茎膨大和结球时应保证植株对磷钾的需求；增施腐熟的粪肥、土杂肥，改良土壤结构，防止土壤因常年施用化肥而板结或盐碱化；以基肥为主，一般占总施肥量的60%左右，同时根据蔬菜生长进程分期追肥，重点放在产品器官形成阶段；基肥一般施迟效性的肥料为主，而追肥则侧重速效性的化肥。还要改变传统的肥料施用方法，对叶菜类蔬菜以往常进行粪水浇泼，现应改浇泼为淋兜，防止叶面污染。提倡追肥条施、埋施等深施技术，减少肥料特别是化学肥料的淋溶流失。蔬菜施肥除了前述农家有机肥外，还可以施用近年推广的生物菌肥如酵素菌以及各种蔬菜专用肥等，以便改良土壤结构，提高肥料利用率。

3. 推广设施栽培技术。园艺设施是无公害蔬菜生产必不可少的基础设施，发展设施栽培是推动无公害蔬菜生产的有效措施。采用塑料大棚、中棚、小拱棚、玻璃温室、塑料温室、日光温室并与遮阳网、防虫网、无纱布等农用材料相配套，进行设施栽培，能有效地创造人工小气候，有效的阻隔病虫害侵入，为蔬菜生长发育提供一个相当洁净的环境。实践证明，采用遮阳网覆盖栽培和防虫网覆盖栽培能很好地控制病虫害发生，减少农药的用量，降低用药成本，减轻对蔬菜产品的污染，能真正生产出优质高产的"放心菜"、"无公害蔬菜"。

此外，地膜覆盖栽培也有利于减轻病虫害。保护地菜田要逐步推广暗灌、滴灌、渗灌，露地菜田要推广喷灌，严禁大水漫灌,这样,既有利于节约灌溉用水,又可降低菜田表面温度,减少病害发生。

4. 采用无土栽培技术。蔬菜的病害主要源自土壤,因此有条件的地方可大力发展蔬菜无土栽培。无土栽培其主要优点是切断了土壤传播病害的途径,隔绝了传染源,所采用的栽培槽(床)、农膜、栽培基质都经严格消毒,因而栽培过程中病害发生很少,这样就为高产奠定了基础。由于病害发生少,因此基本不用农药防治,无污染,就能生产出"无公害蔬菜"甚至"绿色食品蔬菜"。蔬菜无土栽培以前大多采用水培(营养液培),近年来有机生态型无土栽培发展迅速,其模式简单、操作简便,更易为广大生产者所接受。

四、大力发展生物防治技术

利用杀螟杆菌、青虫菌、灭蚜菌和赤眼蜂、七星瓢虫等防治有关蔬菜害虫,如利用青虫菌可防治甘蓝、花椰菜、球茎甘蓝等蔬菜上危害十分严重的菜青虫,利用七星瓢虫能有效防治蚜虫。

利用生物农药以菌治菌。如使用木霉素可防治蔬菜菌核病和灰霉病,使用增产菌对蔬菜生长发育也有一定促进作用。

五、实行物理防治

1. 种子干热处理消毒。对于含水量低(＜10%)的种子,可以70℃温度条件下处理72小时,可以防治蔬菜种子传播的枯萎病、菌核病、疫病、灰霉病、炭疽病等多种病害，还能提高发芽率。

2. 温汤浸种消毒。温汤浸种所用水温为病菌致死温度55℃，用水量为种子质量的5～6倍。浸种时，种子要不断搅拌，并随时补充热水，保持水温55℃，经10分钟后使水温降至20℃～25℃。然后洗净附于种皮上的黏质，以利种子吸水和呼吸。

3. 药剂浸种消毒。先将种子在清水中浸泡4～5小时，然后浸入药液中，按规定时间消毒，捞出后立即用清水漂洗干净。常用药剂有：①福尔马林（40%甲醛），先用100倍福尔马林液浸种10～15分钟，然后捞出种子，密闭熏蒸2～3小时，最后用清水洗净。②1%硫酸铜，浸种5分钟后捞出，用清水洗净。

此外，还可用多菌灵溶液、苗床消毒剂溶液消毒蔬菜育苗苗床。夏季烤土晒白，消毒菜田土，冬季及早翻耕冻垡也是一种物理消毒方法。

4. 推广蔬菜嫁接技术。利用黑籽南瓜、西葫芦、瓠瓜嫁接黄瓜、西瓜、甜瓜能有效防止瓜类枯萎病等病害的发生。番茄、茄子嫁接换根也是防止茄果类青枯病发生的有效措施。

5. 用物理方法驱赶或诱杀害虫。利用蚜虫对银灰色有反趋性的特性，棚室内张挂银色幕，能驱避蚜虫。白粉虱和蚜虫有趋黄性，可以用黄色机油板进行诱杀。

六、控制采用化学防治措施

生产无公害蔬菜并不是完全不使用农药,可以在严格确定农药种类、浓度、次数和安全间隔期的条件下适当使用。

1. 严禁使用高效高残留农药。在蔬菜生产中,严禁使用六六六、DDT、呋喃丹、甲胺膦、磷化锌、磷氧化乐果、杀虫脒、三氯杀螨醇、有机汞制剂等剧毒农药。

2. 推广使用安全可靠的低毒少残留农药:①允许使用的防治蔬菜真菌病害药剂:75%百菌清600倍液,70%代森锰锌500倍液,50%多菌灵500倍液,50%托布津500倍液,75%瑞毒霉800倍液,50%速克灵1500倍液等。药剂喷雾时,一般每666.7平方米用药液50~70千克。②允许使用的防蔬菜细菌性病害药剂:农用链霉素4000倍液,77%可杀得500倍液。③允许使用的防治蔬菜病毒病药剂:菌毒清300倍液,1.5%植病灵500倍液,硫酸锌800倍液,磷酸三钠500倍,抗毒素500倍液等等。④防治蔬菜害虫的药剂:防治菜青虫的有25%功夫乳油500倍液,天王星(联苯菊酯)10%乳油1000倍液等等;防治蚜虫的有50%避蚜雾2000倍液等等;防治茶黄螨的有73%克螨特1000倍液,10%螨死净3000倍液等等。

此外,还可以采用蔬菜床土消毒剂消毒苗床,用种子处理药剂浸种或拌种。

七、开发无公害新型蔬菜

1. 推广牙苗菜。芽苗菜系指利用种子及根、茎、芽等组织或器官,培养出来的嫩芽、幼苗,如豌豆苗、萝卜芽、绿豆芽、青豆苗、香椿苗等。由于生产场地洁净无污染,又基本上不施化肥和农药,因此属无公害蔬菜。芽苗菜嫩脆、味鲜、色泽美丽、无污染,具有很好的发展前途。

2. 开发野生蔬菜。在田边、地头、沟旁、河畔、森林等地生长着各种野生蔬菜,如蕨菜、荠菜、苦荬菜、蒌蒿、马齿苋等。由于不受或很少受到污染,清洁卫生、营养丰富,是有特殊风味的无公害蔬菜。在较封闭的山区特别是高山地区发展野生蔬菜具有较好的经济效益,开发野生蔬菜也是近十年来蔬菜生产的一个热点。

第三节 反季节蔬菜生产的基本形式

反季节蔬菜生产从本质上讲,就是利用独特的自然条件(如高海拔山区夏季凉爽)和人工设置设施,创造小气候进行蔬菜的生产。因此,从反季节蔬菜生产的途径看,第一个途径是充分利用自然条件;第二个途径,也是最重要的一个,则是应用现代农业设施如塑料温室、玻璃温室、塑料大、中、小棚、遮阳网等创造一个可控的人工环境进行蔬菜生产。

反季节蔬菜生产根据生产季节不同、栽培措施不同，可以简单划分为蔬菜夏季反季节栽培、蔬菜冬季反季节栽培、蔬菜秋延后栽培和蔬菜春提早栽培等四种主要形式。

一、蔬菜夏季反季节栽培

将原来适宜于秋冬冷凉季节生长的蔬菜在夏季进行种植，必须设法让这些蔬菜避开夏季炎热，减轻高温对其生长发育的不利影响。

（一）高山夏季反季节栽培

利用高海拔地区夏季气温较同纬度平原地区低的特点，种植秋冬蔬菜，如大白菜、花椰菜、青花菜和芹菜等。

中海拔地区如海拔 500～700 米的高山，可在夏秋季节栽培大白菜、甘蓝和花椰菜蔬菜。当然要选择抗热、耐湿的品种，在高海拔山区，如海拔 800 米以上的高山可以种植食荚豌豆、西洋芹菜、胡萝卜、结球生菜等经济价值较高的蔬菜。

（二）平原夏季反季节栽培

平原地区夏季气温高，若要夏季进行蔬菜反季栽培，主要是要克服高温对喜冷凉蔬菜生长发育的不良影响。因此，在选择抗热耐湿品种的同时，要采用设施栽培即遮阳网覆盖栽培。

1. 小拱棚覆盖遮阳网栽培。利用小拱棚覆盖遮阳网全封闭或半封闭覆盖，以遮光降温保湿并防暴雨冲击。拱棚高度在60~80厘米。一般前期覆盖，中后期气温下降后揭去，全生育期覆盖对产品形成不利。

2. 平棚覆盖遮阳网栽培。用粗竹竿、木桩、水泥柱等搭成平棚骨架，再用竹竿、木条组成架顶，架上覆盖遮阳网。架高1~1.2米，畦宽1.6~1.7米。遮阳网四周不宜着地，应离地0.4~0.5米，以便让植株早晚照光，也利于通风。

3. 大棚覆盖遮阳网栽培。在大棚内或外覆盖遮阳网进行蔬菜夏季反季节栽培。一般分为棚顶固定式覆盖、棚顶活动式覆盖和棚内覆盖等形式。棚顶固定式覆盖是把遮阳网直接盖在棚架上，网两侧距地1米左右，此法适宜于全天候覆盖栽培。棚顶活动式覆盖，是将遮阳网盖在棚顶，网一侧固定，另一侧可移动，可随时覆盖。棚内覆盖是利用棚内拉压膜式，遮阳网铺在压膜线连成的平面上，一般适宜于全天候覆盖栽培。

二、蔬菜冬季反季节栽培

（一）冬季反季节设施栽培

设施栽培是我国蔬菜反季节栽培的重要形式。依设施的材料与建构方式不同，有温室、塑料大棚、塑料中棚和塑料小棚等种类。

1. 冬季温室反季节栽培。华南、华中地区温室类型很多，按有无加热措施，分为加温温室和不加温温室；按覆盖材料分，有玻璃温室和塑料温室；按采光面分，有单面、双面及连栋温室。在华南、华中地区利用温室进行冬季反季节蔬菜栽培有一定规模。

2. 冬季塑料大棚反季节栽培。按其骨架材料不同，可分为竹木大棚、钢架大棚、水泥骨架大棚等形式。此类棚架，一般跨度 6~10 米，脊高 2.5~3.5 米。塑料大棚主要用于冬季和早春茄果类、瓜类、甘蓝类、白菜类等蔬菜育苗和部分喜温蔬菜冬季反季节栽培。

3. 冬季塑料中小棚反季节栽培。塑料中棚一般跨度 4~6 米，中高 1.5~1.8 米。塑料小拱棚高 0.8~1.2 米，宽 1.6 米左右。中棚用途与大棚类似。小拱棚多用于春秋生产，主要进行茄果类、瓜类等蔬菜春提早栽培和秋延迟栽培。

（二）冬季反季节露地栽培

利用低纬度平原地区冬季气候温暖、气温下降缓慢的特点，通过合理安排播种期，露地栽培一些适应性较广的蔬菜，如番茄、黄瓜等。由于在天然条件下栽培，不用设施，因此生产成本低，经济效益高。适于冬季反季节露地栽培的，主要在海南、广东、广西、云南、福建等省份。

三、蔬菜秋延迟栽培

（一）蔬菜秋延迟露地栽培

该种植方式是利用有些地区秋冬季节气温下降慢和冬季无严寒的气候特点，在夏季高温后期采用遮阳网育苗，比秋季正季栽培稍迟定植栽培的一种蔬菜生产方式。

（二）蔬菜秋延迟塑料棚栽培

在夏季高温末期采用遮阳网覆盖育苗，高温过后定植，进行一段时间的露地栽培，待秋季气温明显降低后，设置塑料大棚、中棚或小拱棚进行设施栽培。如黄瓜、番茄、茄子、辣椒采用秋延迟栽培，采收期一直可持续到春节前一段时间。

四、蔬菜春提早栽培

蔬菜春提早栽培是把本来在春暖后播种的蔬菜，采用设施保温，提早在冬末或早春播种或定植，达到提早上市，缓和南方普遍存在的"春淡"的目的。

（一）蔬菜塑料棚春提早栽培

该形式适用于冬季气温低、春季气温回升慢的地区，在塑料棚中提早育苗并定植，到蔬菜生长中期逐步揭膜。如西葫芦采用塑料棚春提早栽培，可在4月上旬上市。此形式在湖南等地应用广泛，主要进行茄果类、瓜类春早熟栽培。

（二）蔬菜塑料棚提早育苗露地栽培

该形式适用于冬季气温较高、春季气温回升较快的地区。在气温较低的冬季和早春利用塑料大棚和中棚提早进行防寒保温育苗，培育大龄壮苗，当春暖后定植于露地，华南、华中大部分地区均采用此栽培形式。

第二章 无公害反季节茄果类蔬菜栽培

茄果类蔬菜包括辣椒、茄子及番茄,是我国最主要的果菜之一。由于其产量高,生长及供应期长,经济利用范围广泛,不论是农村还是城市郊区,均普遍种植,在果菜中占有很大的比重。

第一节 辣 椒

一、经济价值

辣椒又名番椒、海椒、辣子,属茄科辣椒属,在温带地区为一年生草本植物,在热带地区则为多年生。明代末年传入我国,现已成为我国栽培面积最大的蔬菜作物之一。

辣椒在我国南北各地普遍栽培。北方地区以栽培味甜不辣的甜椒为主,南方地区以栽培辛辣味较强的辣椒为主,尤以湖南、江西、四川、贵州、湖北、云南、广西、海南等省栽培面积大。各地拥有许多优良的品种,特别是干椒，均是当地有名的特产蔬菜。如陕西的秦椒，云南的邱椒，湖南的朝天椒，四川的海椒等，是我国干椒传统的出口创汇商品品种。

辣椒色泽鲜艳，风味独特，少量食用可增强食欲，帮助消化，兴奋精神，促进血液循环；还能驱寒发汗、活络生肌，是我国人民喜爱的蔬菜和调味品。

辣椒含水量较低，除鲜食和干制外，还可作糟辣椒，腌渍或拌凉菜做泡菜，制成辣椒酱、辣椒糊、辣椒粉等。

辣椒的维生素 C 含量在蔬菜中占到首位，青椒可达 100 毫克/100 克鲜重。红椒比青椒含量更多，为 150~200 毫克/100 克鲜重，辣椒中胡萝卜素、维生素 PP、硫胺素等含量都相当高，所以辣椒是营养极其丰富的一种果菜。

辣椒适应性广，栽培容易，生产成本低，产值高，一般每 666.7 平方米产量 1000~4000 千克。栽培辣椒是发展农村经济，帮助农民增收的好门路。

二、生物学特性

（一）植物学特征

1. 根。根系较发达，再生能力较强，主要根系分布在 30 厘米的土层内。主根不发达，常在移栽时被切断，容易发生侧根。

2. 茎。茎直立，茎部木质化，较坚韧，茎高 30~150 厘米，因变种、品种不同有差异，分枝习性为双叉状分枝，也有三叉分枝。

3. 叶。单叶、互生、全缘,叶片卵圆形,先端渐尖,叶面光滑,微具光泽。

4. 花。花较小,白色或绿白色,花瓣6片,基部合生。雄蕊6枚。花药浅紫色,与柱头平齐或稍长,少数品种的柱头稍长,花着生于分枝叉点上,单生或簇生。第一花出现在7~15节上,早熟品种开花节位低,晚熟品种开花节位高。第一花的下面各节也能抽生侧枝,侧枝第2~7节着花,农民称此类侧枝为"鸡毛腿"。在栽培上将其及早摘除,以减少营养消耗,有利于通风透光。

5. 果。果实形状因品种类型不同而有显著差异,有长牛角形、短牛角形、线形、圆锥形等多种形状。果肉厚0.1~0.8厘米,单果重从数克到300~400克。果实着生多下垂,少数品种向上直立。辣椒花授粉后经30天左右果实充分膨大,可采收青椒,再经过20天左右果实转红。

6. 种子。辣椒果实的胎座不发达,种子腔很大,形成大的空腔。种室2~4个,种子主要着生在胎座上,少数种子着生在种室隔膜上。种子短肾形,扁平微皱,略具光泽,色淡呈黄白色。种皮较厚实,故发芽不及茄子、番茄快。种子千粒重6~7克。

(二) 环境条件

1. 温度。辣椒属喜温蔬菜,种子发芽适宜温度为25℃~30℃,在此温度下,发芽速度比番茄、茄子慢,约需3~4天,在15℃时发芽更慢,约需15天。幼苗出土后，随秧苗的长大，耐低温能力增强，具三片以上真叶时，能在0℃以上不受冷害。幼苗期生长适温为20℃左右。成长植株对温度的适应范围广，既能耐高温，也能耐低温。开花结果期生长适温在15.5℃~34℃之间。低于10℃时，难以授粉，坐果不稳。高于35℃时，花器发育不全或柱头干枯不能受精而落花。结果期土温过高，尤其是阳光直射地面，对根系发育不利，且易诱发病毒病。

2. 光照。辣椒为喜光蔬菜，要求较强的光照，光饱和点为3万米烛光，补偿点为1500米烛光。在弱光下，植株节间长，含水量增加，叶薄色淡，适应性差。在强光下，植株节向短，叶厚色深，适应性强，但过强的光照易引起果实日灼病。辣椒属中光性植物，对日照长度要求不严格，只要温度适宜，营养状况良好，无论日照长短，都能正常进行花芽分化，并开花结果。

3. 水分。辣椒根系发达，叶片小，虽具有耐旱的特征，但开花结果盛期仍需充足的水分供应。辣椒根系极不耐渍，土壤渍水数小时，根毛即窒息而死。因此选择地势高燥，排水良好的地块实行高畦栽培是夺取辣椒丰产的重要措施之一。空气湿度过大或过小，对辣椒幼苗生长与开花坐果影响较大，幼苗期空气湿度大，易引起各种苗期病害；初花期空气湿度过大，容易造成落花，盛果期除温度过高外，空气干燥也会造成落花落果。

4. 土壤营养。辣椒比较耐瘠，对土壤要求不甚严格，但也因种类而异,小果形辣椒对土壤适应性较广,在各种土壤上都能栽培;大果形辣椒对土壤的要求较高,一般以排水良好的肥沃壤土为宜。辣椒对氮、磷、钾三要素肥料均有较高的要求。幼苗期植株细小,需氮肥较少,但需适当的磷钾肥,以满足根系生长的需要。花芽分化时期受三要素施用量的影响极为明显,三要素施用量高的,花芽分化时期早、数量多。单施氮肥或磷肥及单施氮、钾或磷素肥,都会延迟花芽分化期。盛花坐果时期需大量的三要素肥料。初花期氮素过多,植株徒长,营养生长与生殖生长不平衡。大果形品种如甜椒类型需氮肥较多,小果型品种如簇生椒类型需氮肥较少。辣椒的辛辣味受氮素影响明显,多施氮素辛辣味减低。越夏恋秋的植株,多施氮肥促进新生枝叶的抽生。磷、钾素使茎秆粗壮,增强植株抗病力,促进果实膨大和增进果实色泽、品质。故在栽培上,氮、磷、钾三要素肥应配合适当比例。供干制的辣椒,应适当控制氮肥,增加磷、钾肥的比例。

三、类型与良种

(一) 类型

辣椒按栽培类型可分为三类:甜椒、菜椒和干椒。

1. 甜椒。株型中等或矮小,冷凉地区栽培则较高大,分枝性弱,叶片较大,长卵圆或椭圆形,果实硕大,圆球形、扁圆形、短圆锥,具三棱、四棱或多纵沟。果肉极厚,含水分多。单果重可达200克以上。一般耐热和抗病力较差。单株坐果少。冷凉地区栽培产量高,炎热地区栽培产量低。老熟果为红色,少数品种为黄色。辛辣味极淡或全甜味,故名甜椒。

2. 菜椒。株型矮小至高大,分枝性强,叶片较小或中等。果实长角形,微弯曲似牛角、羊角形。果肉较厚,辣味适中,宜鲜食作菜用。

3. 干椒。株型中等至高大,分枝性较强,叶片小,耐旱。果实圆锥状或长角形,似线状,果色黄或红紫色,果肉薄,辣味强,含水量低,适宜于干制作调味品用。

(二) 良种

1. 湘研11号。湖南省蔬菜研究所1993年选育的极早熟微辣型杂交辣椒品种。耐寒性较强,株高48厘米,开展度56厘米,第一花序节位在10～12节,果实粗牛角形、深绿色,单果重20～30克。前期挂果集中,早期产量高,每666.7平方米产量2500～3500千克。

2. 湘研13号。湖南省蔬菜研究所1995年选育的中熟微辣型辣椒品种。株高52.5厘米,开展度64厘米,坐果率高,采收期长,果实大牛角形、深绿色,外观漂亮,果直肉厚,商品性好,单果重58～100克,每666.7平方米产量3500～4500千克。

3. 湘研15号。湖南省蔬菜研究所1994年选育的中熟辣味型杂交辣椒品种。耐热、耐旱,抗病性突出。株高50厘米,开展度58厘米,果实长牛角形,色浅绿,肉质细软，辣而不烈，单果重35克，每666.7平方米产量3000~5000千克。

4. 湘研16号。湖南省蔬菜研究所1994年选育的中晚熟辣味型杂交辣椒品种。耐热、耐湿、抗病。株高60厘米，开展度65厘米。果实粗长牛角形，单果重45克，果色绿，表面光滑，肉厚质脆，辣味柔和，风味佳。一般每666.7平方米产量4500千克。

5. 湘研19号。湖南省蔬菜研究所选育的早熟辣味型杂交辣椒品种。耐寒性强，早熟丰产，商品性与耐贮运性好。株高48厘米，开展度58厘米，果实长牛角形，单果重33克，皮光无皱，辣味适中，肉质细软，风味佳。一般每666.7平方米产量3000千克。

6. 湘研10号。湖南省蔬菜研究所1989年选育的晚熟微辣型辣椒品种。株高57.7厘米，开展度65.4厘米，果实粗牛角形，单果重52克，果色绿，肉厚，商品性好，市场畅销。适合湖区及河岸地作晚熟丰产栽培，一般每666.7平方米产量3500~4000千克。

7. 河西牛角椒。长沙地方品种。中熟、较耐热、耐旱，适应性广。植株高大，株高48.5厘米，开展度73.5厘米，果实长牛角形，先端稍弯曲，果皮光滑，肉质厚，单果重20克左右。辣味中等，质脆致密，可供鲜食或加工酱制。一般每666.7平方米产量1500~2000千克。

8. 东山光皮椒。长沙地方品种。晚熟，耐热，不耐寒，适应性较弱，宜在肥沃深厚的河岸砂质壤土中栽培。株高72厘米，开展度77厘米，果实长圆锥形，嫩果浅绿色，果面光滑，肉厚质密，水分少，耐贮藏，味微辣而带甜，品质极佳。一般每666.7平方米产量1500～2000千克。

9. 湘辣2号。湖南省蔬菜研究所选育的加工型品种。中早熟，味辛辣，挂果多。果实长指形．果表光滑，成熟果色鲜红，果直，抗病，丰产。宜作调味和加工用。

10. 湘辣3号。湖南省蔬菜研究所选育的干制型辣椒品种。中晚熟，生长势旺，挂果多。果实细长羊角形，表面光滑，鲜红色，少籽，味辣，耐旱耐瘠，抗病丰产，宜干制。

11. 皖椒1号。安徽省园艺所选配的优良杂种一代，属粑齿类型，果实长度一般为15～20厘米，最长可达25厘米，平均单果重30克左右，最重果达95克，果色淡绿，果肉厚0.3厘米左右，辣味适中稍甜。老熟果大红色，除鲜食外还可加工，熟性中早，每666.7平方米产量3000～5000千克。抗性强，早春低温阴雨不易落花落果，夏季高温干旱能正常生长。植株生长健壮，分枝能力强，株高为70厘米，开展度30～50厘米。

12. 洛椒4号。河南省洛阳市辣椒研究所选配的杂种一代，属粗牛角形，早熟、抗病、高产，单果重60～80克，最重果达150克，每666.7平方米产量3500～4000

千克。

四、栽培技术

（一）大棚或小拱棚春提早栽培

1. 品种选择。宜选择耐寒性较强，极早熟，早期挂果多，株形紧凑，适于高度密植的品种。目前长江流域适于春提早栽培的品种有湘研 11 号、湘研 13 号、湘研 15 号、湘研 19 号等。

2. 早育壮苗。应提早在 10 月上中旬播种，在大棚内采用冷床育苗，大苗假植，多层覆盖越冬。壮苗方法如下：

（1）床土与药土配制　将肥沃的园土、腐熟的粪肥干粉和细炉灰渣分别敲碎过筛，然后按 4:1:1 的比例混合均匀，再按每立方米床土加入过磷酸钙 5 千克，氮磷钾复合肥 1 千克，混合均匀后平铺在播种床内，厚度为 5~10 厘米。药土配制可用 70% 五氯硝基苯和 50% 福美双各 5 克与 15 千克细干土混合均匀，留以盖籽用。

（2）苗床与种子消毒　苗床消毒一般采用 1:60~1:80 倍的福尔马林，按每平方米 1~2 千克的量均匀浇泼在床土上，然后覆膜一星期左右，揭开薄膜让福尔马林气味散尽后便可播种。播前将种子置于 30% 甲基托布津 500 倍液浸种 20 分钟，捞出洗净，然后进行直播或催芽后播种。

（3）播种与播种床管理　每 666.7 平方米大田约需准备种子 50 克。播种前于先天浇足苗床底水，次日按每平方米苗床15克的播种量均匀撒播种子,再撒盖约1厘米厚的药土盖没种子,并覆膜保温保湿,为防止幼苗出土带帽,可在幼苗拱土时再覆少许细土。在保持床温25℃左右的条件下,一般经7~8天即可出苗。出苗后,揭开塑料薄膜降温降湿,保持床温16℃~20℃,气温20℃~25℃,做到尽量降低床土湿度,床土不现白不打水,促使幼苗根系下扎,同时以防猝倒病发生。幼苗破心后,加强肥水管理,以干湿交替为原则,促进地上部真叶生长。

(4)分苗与苗床管理 当苗龄30天左右,具2~3片真叶时,应及时分苗于营养钵或大棚苗床中,苗距8厘米×10厘米,力争在11月下旬于低温来临之前分苗成活,然后采用双层或三层覆盖保温。冬季气温低,光照弱,应加强分苗床的保温与肥水管理,以弥补低温和光照不足带来的不利影响,保证辣椒幼苗在越冬期仍有一定的生长量,以防发生僵苗,同时要注意病虫害的防治。辣椒苗期病害主要是灰霉病与炭疽病,可分别用速克宁和甲基托布津喷雾防治,每隔15天喷一次。为害辣椒幼苗的虫害主要是蚜虫,可用敌蚜螨、克螨特进行防治。

(5)壮苗标准 辣椒苗龄在100~120天,株高18~20厘米左右,茎粗0.4厘米以上,叶片10~12真叶,叶色浓绿,90%以上的秧苗已现蕾,根系发育良好,无锈根,无病虫害和机械损伤。达到壮苗的标准后,就可定植到大棚或小拱棚内。若因气候原因不能定植,应喷施适当浓度的多效唑进行抑制。

3. 整地施肥。于前作收获后土壤翻耕前,每666.7平方米撒施生石灰100~150千克,进行土壤消毒。土壤翻耕后,每666.7平方米撒施腐熟人畜粪肥2000千克,饼肥100~150千克,三元复合肥50千克或尿素15千克、磷肥50千克、钾肥15千克,并使肥料与土壤混匀,然后进行整地作畦,畦宽1米,略呈龟背形,沟宽0.5米,沟深0.3米,整地后立即覆盖地膜。整地施肥工作应于移栽前10天完成。

4. 提早定植、高度密植。大苗越冬后,应提早在2月中、下旬抢晴天定植在大棚或小拱棚内。单株栽植每畦栽三行,株行距33厘米×33厘米,每666.7平方米栽3600株;双株栽植每畦栽二行,穴距40厘米,每666.7平方米栽4000株。定植时,每穴撒1:1500的五氯硝基苯药土50克,定植后立即浇上压蔸水,并用土杂肥封严定植孔。

5. 加强棚膜揭盖、合理调节温湿度。定植后以闭棚保温保湿为主,促苗成活,早生快发。当晴天气温回升快时,应于中午前后2小时揭膜通风,尤其是小拱棚覆盖栽培,揭膜放风要及时,要注意敞开背风面。阴雨寒潮天气则闭棚保温,若阴雨时间长,棚内湿度大,要注意在南面短时间揭膜通风,排除湿气,做到勤揭勤盖。当气温稳定通过15℃以上时，大棚栽培要加强揭膜通风，无雨的夜晚可进行敞棚，促苗稳健生长。对于小拱棚栽培此时可逐步敞开覆盖，拆除拱棚。当气温稳定在20℃以上时可以大敞棚，但天膜不拆除，仍可作避雨之用，以防连续阴雨造成田间湿度大，诱发病害流行。

6. 植株调控、激素保果。大棚栽培辣椒由于紫外光透入少，植株生长过旺，枝细节长叶茂，容易倒伏。可喷施适当浓度的多效唑进行抑制，促使植株健壮生长。辣椒进入初果期后，茎部侧芽萌发多，既消耗养分，又影响通风透光，应及时抹除，一般连续抹二次即可。大棚辣椒结果早，前期气温偏低，常因低温而引起落花落果，可喷辣椒灵或保果素进行保花保果。

7. 及时采摘上市。大棚栽培辣椒，4月中、下旬青椒就开始成熟，要早摘，勤摘，既抢市场价格，又促后续果实的发育，一般每隔3~4天应采收一次。

8. 及时喷药，预防病虫害。辣椒的主要病害有疮痂病、炭疽病、疫病、病毒病、白绢病、青枯病等。对于病害，重在预防，及早喷药，有病无病先喷药。对于疮痂病、炭疽病、病毒病可分别用农用链霉素、可杀得或甲基托布津、瑞毒霉或百菌清喷雾防治；病毒病一般引起花叶、卷叶，可用病毒A或辣椒卷叶灵喷雾预防；对于白绢病、青枯病重在预防，加强土壤消毒，多施石灰。或在发病初期分别用50%多菌灵，500倍液淋蔸或五氯硝基苯药土点苑。辣椒的虫害主要有蚜虫、棉铃虫和茶黄螨，蚜虫除危害叶片和花蕾外，尚可传染病毒病，应及早用敌蚜螨或乐果喷雾防治；棉铃虫危害辣椒果实，可用功夫或抑太保等溴氰菊酯类农药防治，宜在盛花期喷雾；茶黄螨危害辣椒生长点，引起生长点叶片卷曲、枯死，可用哒螨酮、克螨特或辣椒卷叶灵预防。

（二）大棚秋延后栽培

1. 品种选择。宜选用果肉较厚，果型较大，商品性好的品种。目前南方地区采用的品种有皖椒1号、洛椒4号、湘研13号、湘研10号、长沙东山光皮椒。

2. 培育壮苗

（1）搞好种子及苗床消毒　种子消毒一般采用药剂消毒，其方法是用30%托布津500倍液浸种20分钟后，捞出洗净，然后进行催芽和播种。在没有药剂的情况下，也可用50℃的温水浸种15分钟后，再洗净进行催芽和播种。

苗床消毒一般采用1:60~1:80倍的福尔马林液，按每平方米1~2千克的量浇泼在床土上，然后用薄膜覆盖一星期左右再揭膜松土，隔几天后便可播种。

（2）适时播种　延后辣椒栽培的播种期，对其产量的形成具有较大的影响。播种过早，受高温干燥气候的影响，病虫害严重。播种过迟，则缩短了适宜于辣椒生长发育的时间，不利于产量的提高。一般以7月中旬播种为宜。

(3) 及时分苗　分苗期应掌握在二叶一心期或日历苗龄10~15天以内。同时，一定要用营养钵育苗。据试验表明，不用营养钵育的苗，尽管营养生长量与用营养钵育的苗相同，但定植后缓苗期长，长势较差，产量低。而用营养钵育的苗定植后无缓苗期，延长了生长发育时间，产量较高。以塑料营养袋作营养钵具有成本低，轻便，易操作等优点，适宜于农村大面积推广应用。营养土用火土灰加猪粪渣堆制成，一定要充分发酵后才能使用。

(4) 搞好遮阳降温防雨工作　由于育苗期间正值高温季节，秧苗容易遭受干旱。同时，幼嫩的秧苗被热季雨水冲刷后，容易发病。因此，要注意搞好遮阳降温和防止雨水冲刷的工作。其方法是在盖膜的大棚架上加盖遮阳网，也可以在没盖膜的大棚架上盖遮阳网，然后在棚内架小拱棚，后者揭膜和盖膜比较方便，更易于推广应用。

(5) 及时浇水施肥　由于棚内温度高，水分蒸发量大，秧苗容易缺水而出现萎蔫，因此，要注意及时浇水。同时，还要视苗情适当施一些叶面肥，如用0.3%的磷酸二氢钾，0.5%的硫酸镁，0.01%~0.02%的喷施宝等。但氮素肥料要适当控制，以防秧苗徒长。

3. 深耕烤土，开好排水沟。于7月底，8月初深耕烤土。要求深耕破底，沟要开得深，一般大棚围沟深0.6米左右，棚中畦沟深0.4米。这样能提高土壤排水、增温、通气的能力，创造有利于辣椒生长，不利于病虫害发生的环境。

4. 施足基肥，覆盖地膜。基肥用人畜粪、饼肥、土杂肥和适量的磷钾肥沤制而成。一般666.7平方米施猪牛粪1500千克。其他肥料用量参照春提早辣椒。经堆制发酵后，撒施于土中，然后精细整地，覆盖地膜。

5. 适时移栽，合理密植。移栽期一般控制在8月15~25日之间，以8月20日左右移栽完较好。在不影响季节的情况下最好是选阴天移栽。晴天移栽，要选在傍晚天气较凉的时候，有条件的，可在大棚膜上加盖遮阳网；定植密度则根据品种和土壤肥力情况而定。一般苗架小的品种宜密，苗架大的品种宜稀，瘦土宜密，肥土宜稀。如皖椒1号每666.7平方米以3500~4000株为宜。洛椒4号以3800~4000株为宜。

6. 搞好田间管理

（1）及时揭盖棚膜　棚膜一般在辣椒移栽前就已盖好。但10月上旬前因温度较高，所以棚四周的膜基本上是敞开的，只是在风雨较大的情况下，才将膜盖上，以防雨水冲刷辣椒引起发病，雨停后又要及时将膜揭开。到10月下旬，当白天棚内温度降到25℃以下时，棚膜开始关闭，但要经常注意温度的变化，当棚内温度高于25℃以上时，要开始揭膜通风。阴雨天棚内湿度大时，可在气温较高的中午通风1~2小时。当最低气温降到10℃时，要在棚内加小拱棚。否则，植株及果实容易冻坏。

（2）及早防治病虫害　大棚秋延后辣椒栽培中发生普遍、危害严重的主要病害是病毒病、灰霉病。虫害是茶蟥螨、蚜虫。

病毒病的防治主要抓好两点：一是及时防治好蚜虫的发生，因为蚜虫是病毒病的传播者。二是用 600～700 倍的病毒灵防治。特别要注意抓好苗期病毒病的防治，一般是在分苗前和定植前，以及开花期和坐果期各喷一次病毒灵。

灰霉病主要发生在苗期，防治方法是用 50% 的速克灵可湿性粉剂 1000 倍液或克霉灵 500 倍液喷雾。

茶蟥螨的防治一定要抓住害虫初发期，否则，一旦扩散后就难控制。防治药剂可用达螨灵或霸螨灵。

（3）整枝疏叶　辣椒的侧枝、病枝和老叶消耗养分，影响通风透气，导致病害扩散为害，要及时摘除，当每株结果量达到 12～15 个果时，应将植株的生长点摘除，以利果实膨大。

（4）固定植株　10 月下旬后，由于辣椒单果重迅速增加，植株因负荷过重而出现倒伏，此时，必须逐株插竹子加固。

（5）严防鼠害　鼠害是秋季大棚辣椒栽培的一大障碍。其防治方法一是在棚内的四周放敌鼠钠盐，棚内放邱氏鼠药。二是将棚膜用土压实，防治老鼠进入棚内。

第二节 番 茄

一、经济价值

番茄原产南美洲,清朝末年,由西欧传入我国。由于其适应性广,产量高,营养丰富,在我国各地广泛种植,尤其是大中城市郊区,番茄栽培面积占全年蔬菜栽培总面积的15%左右。

番茄营养丰富。据测定,每100克鲜果中含水分94.3克,碳水化合物4克,蛋白质0.7克,脂肪0.2克,热量88千焦,粗纤维0.4克,灰分0.4克,钙9毫克,磷27毫克,铁1.5毫克,胡萝卜素0.26毫克,维生素C 33毫克,尤其是维生素C含量比一般蔬菜高得多。它所含的碳水化合物以葡萄糖、果糖为主,淀粉含量较少。番茄果味甘酸,性平,入胃经,有生津止渴、健胃消食的药用功能,对糖尿病、牙齿出血、口腔溃烂的患者有辅助疗效。

番茄宜鲜食、炒食和做汤,而且又是加工制罐的好原料,可以制成番茄汁、番茄酱及整形番茄等。在加工业发达的国家,差不多50%的番茄是作加工原料用的。番茄是一种供应季节较长的水果蔬菜,栽培方式多种多样,主要有露地栽培和设施栽培,采用设施栽培提前或延后基本上可以周年应市。

二、生物学特性

(一) 植物学特征

1. 根。番茄的根系发达,分布广而深,主根入土达150厘米,大多数根群分布在50厘米的耕作层内。番茄根系的再生力强,主根在移栽时被切断,容易发生侧根。在根颈或茎,尤其是茎节上容易发生不定根,利用这一特点,番茄可以扦插繁殖。

2. 茎。番茄茎有半蔓性和直立型之分,茎基部木质化,高60~160厘米,少数品种高达数米,分枝能力极强,每个叶腋都能发生侧枝。一般来说,丰产株节间粗短,茎上下粗细均匀;而徒长株节间长,茎下细上粗。老化植株则节间过短,茎下粗上细。根据以上特征可以判断植株优劣。

3. 叶。番茄叶为羽状复叶,每片叶有5~9对小叶,其大小、形状、颜色视品种及环境而异。有时在花序上也生叶子,或在叶柄上生花序,这是不正常现象。叶片及茎均有茸毛和分泌腺,能分泌特殊气味的汁液,因此番茄较抗虫。

4. 花。番茄的花为两性花,属聚伞状花序或总状花序,每花序的花数由5~6朵到10余朵不等。花药成熟后向内纵裂,露出花粉,为自花授粉植物。番茄的开花结果习性,按照其花序着生的位置及主轴生长的特性,可分为有限生长类型与无限生长类型,有限生长类型番茄自主茎生长6~8片真叶后，开始生第一花序，以后每隔1~2叶生一花序（有些品种可连续每节生花序），但在主茎着生2~3个花序后，顶端形成一个花序自行封顶不再向上生长。侧枝也只能长1~2个花序就停止生长，这种类型植株矮小，开花结果早而且集中，供应期较短，早期产量高，适宜于作早熟栽培，代表品种有早魁、早丰、西粉二号、合作903等。无限生长类型番茄自主茎生长7~9片叶后，开始着生第一花序（晚熟品种第10~12片真叶后才生第一花序），以后每隔2~3片叶着生一个花序，主茎可无限继续向上生长，着生多个花序。侧枝也以同样方式发生多个花序。此种类型植株高大，开花结果期长，总产量高。代表品种有毛粉802、中蔬5号、俞红一号等，由于开花结果习性不同，因而，栽培密度、整枝方法、成熟期等均有较大差别，栽培时要根据具体情况选择适当的类型及品种。

5. 果。番茄的果属多汁的酱果，食用部分包括果皮、隔壁及胎座组织，优良品种果肉厚，种子腔小。果实的颜色、大小、室数等视品种及环境而异，如樱桃番茄及梨形番茄多为二室，而大果型番茄为4~6室或更多些，一般在冷凉环境下形成的花芽所发育成的果实，室数较多，常为畸形。果实的外观颜色有红色、粉红色、大红色、黄色等。

6. 种子。种子比果实成熟要早，授粉后35天的种子就有发芽力,经后熟即可作种。每一果实内有许多种子,种皮有茸毛,种子在果实中有一层胶质包围。采种时,将果实剖开,把带有胶质物的种子取出放入容器内发酵1~2天,待胶质物溶解,洗出种子,然后晒干贮藏。种子的发芽年限较长,保存适当可达5~6年。种子千粒重为2.7~3.3克。

(二) 环境条件

1. 温度。番茄属喜温蔬菜,既不耐寒,也不耐热。其生长发育的适温为15℃~30℃,白天以22℃~26℃,夜间15℃~18℃最适宜,温度低于15℃生长缓慢,低于10℃停止生长,低于5℃轻度受冻,低于0℃时就会受冻死亡。温度高于35℃以上同化作用降低,基本停止生长,在长江流域丘陵地区不能露地越夏栽培。各生长发育时期对温度的要求不一,种子发芽时适温20℃~30℃,幼苗出土后应适当降低,以15℃~20℃为宜,营养生长期以20℃~28℃为宜,发芽分化期温度过低(<10℃),易产生多心室,扁柱头花,引起果实畸形。开花结果期适温20℃~24℃,温度过低(<15℃)或过高(>30℃),尤其是高夜温,授粉受精不良,引起落花落果,常用激素保花保果,但要注意浓度不能过高,否则易产生畸形果或空腔果。果实着色期温度过低,着色不良,转红慢。

2. 光照。番茄是喜光蔬菜,光照强度下降,光合作用显著降低,一般应保证3万米烛光以上的光强度,才能维持其正常的生长发育。番茄属中光性植物，对日照长度要求不严格，长江流域一年可栽两茬，春播夏收，秋播冬收。

3. 水分。番茄地上部茎叶繁茂，蒸腾作用较强烈，是需水较多的作物。但其根系发达，吸水力较强，又有半耐旱的特点。选择地势高燥的田块，实行深沟高畦栽培，生长期间保持空气干燥，阳光充足，有利于授粉，防止落果，减少病害，同时对果实着色非常有利。若地势低洼，排水不良，加上雨水多，空气湿度大，授粉不良，果实成熟慢，容易腐烂，风味淡，病害易发生，一般空气相对湿度以45%~50%为宜。

4. 土壤。番茄对土壤要求不太严格，但为获得丰产，应选土层深厚，排水良好，富含有机质的肥沃壤土。土壤酸碱度以中性偏碱为好，有利于抑制青枯病发生，可采取轮作或重施生石灰以调节土壤pH值。番茄在生育过程中，需从土壤中吸收大量的营养物质，施用磷、钾、钙肥对植株与果实的发育，尤其是提高果实品质，防止脐腐病发生有重要作用。在结果期间一方面生长枝叶，一方面生长果实，所以也需要大量的氮肥，但不能偏施，以免引起疯长，造成花而不实。

三、类型与良种

（一）类型

目前栽培番茄的类型主要有三种：水果型小番茄、鲜食及菜用番茄和鲜食与加工兼用型番茄。

1. 水果型小番茄。果小而圆，形似樱桃，二室，作水果用。植株生长强壮，无限生长类型，茎细长，叶色淡绿，果实有黄、红等色。

2. 鲜食及菜用大型番茄。果大而成扁圆形，植株生长较强壮，有限或无限生长类型，茎较粗短，不能直立，分枝多叶大，色浓绿，果色有红、粉红、大红、黄色等。

3. 鲜食与加工兼用型番茄。果实中等大小，果形整齐，色泽美观，少青肩黄斑，着色均匀，皮厚，裂果少。固形物含量高。植株生长较弱，多为矮秆，丰产类型。果实多为大红色。

（二）良种

番茄的品种十分丰富，本书仅介绍目前生产上普遍种植的优良品种。

1. 龙女。农友种苗（中国）有限公司经销，属小果型水果番茄，早熟，半倍心类型，耐热、耐冷凉性好，抗病，果色鲜红，单果重约13克，品质佳，耐贮运，产量较高。

2. 金珠。农友种苗（中国）有限公司经销，属小果型水果番茄，早中熟，无限生长类型，果色橙黄色，单果重约16克，品质极佳，产量高，适合城郊栽培。

3. 早魁。系西安市蔬菜研究所1982年育成的杂种一代。早熟，有限生长类型，株高55～65厘米，主茎上第

6~7叶现蕾，2~3穗花序封顶。果实大红色，单果重130克左右，味道酸甜适中，每666.7平方米产量4000~5000千克。

4. 早丰。系西安市蔬菜研究所1984年育成的杂种一代。早熟，有限生长类型，一般三穗果封顶，叶量中等，生长势较强，果形圆整，成熟果红色，单果重150克。耐低温能力强，抗烟草花叶病毒，每666.7平方米产量5000千克。

5. 西粉三号。系西安市蔬菜研究所选配的一代杂交。早熟，有限生长类型，株高60厘米，生长势中等，第一花序着生在第7~8节上。果实圆形，粉红色，有绿色果肩，单果重115~130克。高抗烟草花叶病毒，耐黄瓜花叶病毒及早疫病，每666.7平方米产量3500~5000千克。

6. 合作903。上海长征良种实验场繁殖。早中熟，3序花左右自封顶，植株生长势旺盛，果实大红、鲜艳、整齐、商品率高，果肉厚，抗病，适应性强，耐贮运。平均单果重350克以上，每666.7平方米产量5000千克。春秋季均可栽培。

7. 合作906。上海长征良种实验场繁殖。早中熟，自封顶，果实粉红、高圆形，果肉厚，鲜艳，整齐，商品性好。抗病，适应性广，耐贮运。平均单果重300克以上，每666.7平方米产量5000千克以上。春秋季均可栽培。

8. 佳丽长红。江苏省农科院蔬菜所选育的加工型品种，适合生产番茄酱和去皮整果番茄罐头。无限生长类型，生长势较强，第一花序着生在8~9节上，每序着花10余朵，结果8~10个。果实长圆形、红色，果面光滑整齐，果脐梗洼均小，着色均匀一致，单重50~70克，果肉较厚，2~3个心室，果肉、胎座及种子外围胶状物均为粉红色，可溶性固形物含量5.4%~5.8%，维生素C含量为16.3毫克/100克，果皮厚，耐贮运。抗病性较强，每666.7平方米产量3500~5000千克。

9. 红玛瑙100号。中国农科院蔬菜花卉研究所育成的加工型品种。有限生长类型，生长势中等。坐果率高，果实长圆形。单果重50~60克，整齐一致，成熟果鲜红色，着色均匀，果肉厚0.7~0.8厘米，果肉紧实，抗裂性及耐压性较强，可溶性固形物含量5.2%，番茄红素9毫克/100克。每666.7平方米产量3000~5000千克，适合作罐藏加工原料，尤其适合加工番茄蜜饯果脯。

四、栽培技术

(一) 春提早栽培

1. 品种选择。应选用耐低温、耐弱光，对高湿度适应性强，分枝性弱，抗病性强（对叶霉病、灰霉病及早疫病、晚疫病有较强抗性），早熟丰产，品质佳，符合市场需求的品种。如早丰，早魁，西粉三号，合作903，合作906等。

2. 培育壮苗

(1) 育苗时间及方式　育苗时间应安排在11月上旬，

育苗方式采用大棚冷床育苗,冬前假植一次,多层覆盖越冬。床土准备、苗床与种子消毒、播种等可参照辣椒育苗进行,但播种量宜少,每平方米8~10克为宜,每666.7平方米栽培田需种子30克左右。

(2) 育苗期的管理 播种后棚内气温白天保持在25℃~30℃,夜间20℃,4~5天即可齐苗。出苗前要在苗床上盖一层地膜,以利保温保湿,出苗后要及时揭开地膜降温降湿,逐步将棚内气温降至白天20℃左右,夜间10℃~12℃,并尽量降低床土湿度,不现白不打水,以防幼苗徒长。当幼苗长出2片真叶即可排苗,选晴天将幼苗排至营养钵中。排苗后要维持较高的棚温,白天在25℃~28℃,夜间18℃左右,以促发新根,加速缓苗。缓苗后棚温管理恢复到白天20℃,夜间10℃。寒冬季节,要加强覆盖,并注意通风降湿,如长期遇低温高湿,容易发生灰霉病,可喷速克宁进行预防。开春后,由于气温回升,幼苗生长快,应视幼苗生长情况,将营养钵排开,扩大苗间距,促使秧苗生长健壮。如发生徒长,也可喷多效唑进行抑制。

(3) 壮苗标准 苗龄80~90天,株高25厘米左右,茎粗0.6厘米,8~9片真叶,带大花蕾。

3. 整地施肥。于前作收获后,土壤翻耕前每666.7平方米撒施生石灰150~200千克,提高土壤pH值,使青枯病失去繁殖的酸性环境。土壤翻耕后,每666.7平方米施入腐熟人畜粪3000千克，饼肥75千克，三元复合肥50千克，采用全耕作层施用的方法，即肥与畦土充分混合。土壤翻耕施肥后，立即整地作畦，畦宽1米，畦沟宽0.5米，沟深0.3米，畦面平整，略呈龟背形，然后覆盖地膜，整地施肥工作应于移栽前10天完成。

4. 提早定植、合理密植。番茄大苗越冬后，应提早在2月上、中旬抢晴天定植在大棚或小拱棚，每畦栽两行，株行距50厘米×25厘米，每666.7平方米栽4000～4500株。定植时，每蔸撒入1∶1500的五氯硝基苯药土50克，定植后浇600～800倍百菌清溶液作压蔸水，并用土杂肥封严定植孔。

5. 定植后的管理

（1）温、湿度管理　定植后一周内少通风，以闭棚保温为主，促进缓苗。当晴天棚内气温超过30℃时，则应及时通风换气。缓苗后，棚内气温白天保持在25℃～28℃夜间15℃以上。通风换气应根据天气情况进行，一般在中午前后进行，通风口一定要在南边，强度由小到大，时间由短到长。裙膜不能揭开，以防扫地风。当外界最低气温达到15℃时，应昼夜通风，小拱棚可考虑逐步拆除。当棚温超过35℃，夜间超过20℃时应把通风提高到最大限度，但不要轻易揭去顶膜，仍可作避雨之用，以防连续阴雨造成田间湿度过大，引起病害流行。

湿度管理的主要依据是棚内挂一个干湿度计，空气相对湿度不要超过80%,超过后应及时通风降湿,从直观上判断,则以棚膜上没有小水珠集结为度。一旦棚膜出现水珠,应及时通风。棚膜应采用无滴膜,易于控制湿度。

(2) 肥水管理 由于定植前施足了底肥,加上春季雨水多,土壤底水足,春番茄在生长过程中一般不需要浇水浇肥。但在盛果期,如发现植株萎蔫或出现养分不足时,则要及时补充肥水。可在定植孔处破膜追肥。每666.7平方米施腐熟人粪尿1000千克或尿素10~15千克和钾肥5千克,还可结合喷药进行叶面施肥,叶面喷0.1%~0.3%的磷酸二氢钾,0.1%~0.5%的尿素或0.1%~0.2%的高效复合肥溶液。

(3) 搭架整枝 搭架以立式篱架为宜,有利于通风透光。整枝宜采用改良式单杆整枝,除保留主枝外,仅留一侧枝,侧枝结一穗果后摘心。早熟品种主枝结三穗果后,随即自行封顶。番茄的侧枝萌发力强,整枝是一项经常性的工作。打杈过早会抑制根系的发育,打杈应尽量在晴天进行,一般每隔5~6天进行一次。生长后期还要将地面的老叶及时摘除,可防止消耗养分和便于通风透光。

(4) 保花保果 番茄开花前期因低夜温影响,授粉受精不良而引起落花落果,在生产上一般采用激素处理保花保果。目前生产上主要应用的是2,4-D与防落素。2,4-D对番茄的嫩芽及嫩叶有药害,只能浸花或涂花,虽费工但省药,气温低于15℃时,使用浓度0.0015%~0.0025%,气温高时,使用浓度为0.001%~0.0015%。使用2,4-D时,切忌高浓度用药,否则易产生畸形果或空腔果。配制2,4-D时忌用金属容器,并在2,4-D药液中加入着色染料,以免重复用药。用2,4-D点花的时期以花半开或全开为宜,用毛笔蘸药液涂在果柄离层处即可。防落素对番茄的嫩叶及嫩芽药害较轻,使用安全,可喷花处理,使用浓度为0.001%~0.005%,温度高时,取下限浓度。当每个花序60%~70%开花时,为喷药适期。

(5) 病虫害防治　番茄的主要病害是青枯病,目前还未找到有效的药物防治途径,主要以农业防治为主,如采用深沟高畦、加强排水和严格土壤、苗床及种子消毒等。田间发现病株,应及时拔除,并撒上石灰消毒以防止蔓延。此外,还有苗期灰霉病,生长中后期的卷叶病,防治灰霉病除加强苗床通风降温外,可用速克宁进行喷雾防治。卷叶病可用病毒A或卷叶灵防治。番茄的虫害主要是蚜虫,可用40%乐果乳油800倍液防治。

(6) 激素催红　当番茄果实转变为乳白色时,即可采用激素催红,常用激素有乙烯利、催红素。一般用0.05%~0.1%的乙烯利涂抹果实或用催红素(每包对水15~20千克)喷雾于果实上,3~4天后转红,即可采收。

(二) 秋延后栽培

1. 品种选择。应选抗病能力强、耐高温、果实发育和转色快的中、早熟耐贮、抗寒、丰产品种,如早丰、合作903、合作906等品种。

2. 培育壮苗

(1) 适期播种　南方地区秋延后栽培番茄不宜播种过早。过早正值高温季节,易诱发病毒病,但也不宜过迟,过迟则由于气温下降,果实不能正常成熟。一般在7月中旬播种为宜。

(2) 苗床准备　选择两年内没有种过茄果类蔬菜而且通风排水良好的地块作苗床。苗床做成宽1.2米的畦,土要整细,铺上已沤制好的营养土5厘米。播种前15天用60~80倍的福尔马林液进行土壤消毒,用薄膜密闭2~3天后,经一周左右待药气全部消失后即可播种,也可以用8~10克五氯硝基苯拌15千克干细土在播种时作垫土和盖土,用以消毒。

(3) 种子处理与播种　种子处理与播种可参照辣椒秋延后育苗进行。

(4) 苗床管理　播种后要在苗床上覆盖银灰色的遮阴网,用以遮阳降温、保湿、避蚜。蚜虫是病毒病的传播者,能否防治病毒病是秋番茄成功与否的关键之一。番茄六叶期以前为感病敏感期,七叶以后,秧苗的抗病力逐渐增强,因此要抓住在六叶期以前加强管理,有效地防蚜和预防病毒病发生。为做好此项工作,出苗后除每周喷施40%的乐果乳油800倍液防治蚜虫外,还应喷施病毒A一次,通过两道设防以预防病毒病的发生。

（5）壮苗措施　排苗与喷抑制剂是防止秋番茄幼苗徒长，培育壮苗的关键措施。当幼苗长出 1~2 片真叶时要及时排苗，苗最好排在营养钵中。如没有营养钵，则选择排水良好且近两年内未种过茄果类蔬菜的菜园土进行排苗。排苗床要铺放沤制好的营养土，并按苗床要求进行药剂消毒。排苗床最好选择在覆盖银灰色遮阴网的大棚内，苗距为 10 厘米×10 厘米，趁阴天或傍晚进行，并及时浇水和覆盖遮阳网，以利迅速缓苗，提高成活率。

番茄幼苗生长期正值高温季节，易徒长，为此从幼苗二叶一心期开始到第一花序开花期可喷 0.1% 的矮壮素或适当浓度的多效唑两次，可有效地防止徒长，使节间变短，茎增粗，叶片增厚。

（6）壮苗标准　株高 20 厘米左右，茎粗 0.4~0.6 厘米，5~6 片叶时开始现蕾，植株矮壮，苗龄 30~40 天。

3. 整地施肥。于前作物收获后土壤翻耕前每 666.7 平方米撒生石灰 150~200 千克进行消毒，然后深耕烤土 15 天，烤土后全面撒施有机肥 3000 千克，饼肥 75 千克，三元复合肥 50 千克，结合整地与土壤拌匀后作畦。作畦方式与春番茄相同。

4. 适期定植、合理密植。8 月下旬至 9 月初选择阴天或傍晚时定植，并及时浇压蔸水和缓苗水。大棚秋延后番茄生育期短，应适当密植，每 666.7 平方米栽植 3500~4000 株，每畦栽植两行，株行距 50 厘米×（25~30）厘米。为防止土壤病害发生,定植时可先在定植穴内放入少量(约50克)1:1500的五氯硝基苯药土,苗要适当深栽,特别是高脚苗更应深栽,以利茎部萌发不定根,增加番茄根部的吸收能力。

5. 定植后的管理

(1)遮阳降温 大棚秋延后栽培番茄,应在棚上盖上银灰色的遮阳网,既可遮阳降温,又可保湿防暴雨,促进缓苗和避蚜害防病毒。

(2)加强肥水管理 秋番茄生长期短,应以基肥为主。在施足基肥的前提下,生长期的肥水管理应掌握"一控、二重、三喷、四忌"的原则。一控:控制定植后至坐果前这段时期的追肥,看苗追肥。除植株明显表现缺肥外,一般情况只施一次清淡的粪水作"催苗肥"。这段时期严禁重施氮肥,氮肥过多植株组织不充实,极易感染病害;二重:番茄果实长至核桃大小时,如植株表现肥水不足,应重施一次30%的腐熟粪水;三喷:秋番茄追肥最好以叶面肥为主,可用0.2%~0.25%的磷酸二氢钾+0.2%的尿素混合液在叶面喷施;四忌:忌高浓度追肥,忌湿土追肥,忌在中午高温下追肥,忌过于集中施肥。

对于水分管理要特别慎重,一般年份秋旱不明显,水分管理的原则是"宁干勿湿"。在坐果前,只要植株不发蔫,土壤不过干就不要淋水,番茄最忌漫灌,否则极易诱发土传病害,而且一旦发病,很难控制。遇到秋涝年份,要注意及时排水,切忌畦面积水。

(3) 搭架整枝:同春提早栽培。

(4) 保花保果与疏花疏果　大棚秋番茄开花坐果期正值高温季节,易出现落花落果现象,故要用0.001%的2,4-D或0.002%~0.0025%的防落素沾花或喷花一次。坐果后,每穗留3~4个果,其余的要疏去,以保证果实的商品质量。

(5) 保温防冻　大棚栽培的秋番茄,当外界气温下降到15℃以下时,要及时盖棚闭棚,但白天应及时加强通风,防止密闭诱发病害。当棚内气温低于5℃时,应及时将果实采收贮藏。

(6) 病虫害防治　①病毒病。除选用抗病品种外,要在苗床或定植后盖银灰色遮阳网避蚜并及时喷药防治蚜虫。也可用病毒A剂800倍或HS-8S激抗剂1000倍液在定植后喷洒。发病初期还可喷洒磷酸二氢钾或高锰酸钾1000倍液,7天一次共2~4次。要防止人为的传染,如在番茄地里抽烟,以防烟草花叶病毒的传染;用手拔除病株后要将手洗干净后才能接触健康植株,以免交叉感染。②青枯病。参照春提早番茄栽培。③早疫病、晚疫病。发现中心病株应及时摘除叶片,并用75%百菌清600~700倍液或25%瑞毒霉可湿性粉剂1000倍液或58%甲霜锰锌400~500倍液隔7天左右喷一次,视病情共防治2~3次。④蚜虫。除在苗床和定植后盖银灰色遮阳网避蚜,发现蚜虫应及时用40%乐果1000倍液或2.5%溴氰菊酯2000倍液喷雾防治。

6. 采收与贮藏

（1）采收　就地上市的应在果实转红后及时采摘。如外界气温下降，果实成熟慢，可使用催红剂加速果实红熟（乙烯利0.2%）。如霜冻来临，果实已泛白而快成熟，可将这部分青果提前采收贮藏。摘收前15天用50%多菌灵可湿性粉剂500~600倍液喷果一次，以利贮藏时减少病果腐烂。

（2）贮藏　采收后，选无病虫害、无伤口的果按其成熟程度分开堆码，最好利用稻草或谷壳作贮藏材料，即地面铺上一层塑料膜，膜上放一层稻草或谷壳，再码一层番茄，番茄上再放一层稻草或谷壳，又放一层番茄。如此堆码上去，最上一层盖上草帘（不能盖膜）。贮藏室要选靠南边的屋，贮藏温度10℃~15℃，不能低于8℃，相对湿度70%~80%。一周左右翻动一次。翻堆时将已成熟的果选出上市，将病果、烂果剔除，未红的果实继续贮藏，陆续上市。如贮藏得当，一直可供应到元旦至春节。

第三节　茄　子

一、经济价值

茄子原产东南亚、印度，4~5世纪传入中国，现已成为我国南北各地最广泛栽培的蔬菜之一,尤其是广大农村,茄子的栽培面积远比番茄大。其适应性强、产量高、供应期长,是夏、秋的主要果菜。长江流域春、秋两季栽培,上市期从5月一直可延续10月。

茄子以嫩果供食,其维生素C的含量虽不高,每100克鲜重只有2~3毫克,但含有较多的人体必需的干物质(6%~7%),如碳水化合物、蛋白质及钙、铁等。茄子的食用方法多样,可以烧、炒、焖、蒸,还可加工成酱茄子、腌茄子或茄子干,风味独特,深受消费者喜爱。茄子栽培容易,早期产量高,销价好,是粮区农民耕作改制,实行粮菜轮作的首选作物。

二、生物学特性

(一)植物学特征

1. 根。茄子根系发达,主根粗壮,最深可达1.3~1.7米,与番茄、辣椒比,茄子往水平方向伸展的侧根要少而短,而且在生长过程中向深层方向伸展时,往往分生出很多向下的根,因而主要根群分布在近地表层30~40厘米以内范围内。根系吸收能力强,但木质化比较早,根系被切断或损伤后,再生能力较差,因此定植时要多带土减少根系损伤。

2. 茎。茎直立而粗壮,基部带木质,紫色或青绿色,分枝性强而且规则,株高1~1.3米。

3. 叶。叶单生而大,卵圆形至长椭圆形,绿色或紫绿色，因品种而异，叶面有茸毛，叶脉及叶柄有刺。

4. 花。花为两性花，一般单生，也有 2~3 朵簇生的，花白色至紫色，花药二室，为孔裂。花药的开裂时期与柱头的授粉期相同，一般为自花授粉，但也有些植株的柱头过长，其花粉不易落在同一花的柱头上，易杂交，杂交率达 6.67%。茄子开花结果习性很有规律，从下至上，几乎成几何级数增加。早熟品种生长 6~8 片叶后，中、晚熟品种生长 8~9 片叶以后，着生第一朵花，在花直下的主茎抽生的侧枝特别强健，与主茎长势差不多，因而分叉形成"Y"字形，以后往上也有规律地分枝开花。茄子的第一朵花结的果（第一层果）称为"根茄"，第二层果称为"对茄"，第三层果称为"四母茄"，第四层果称"八面风"。第四层以上开花结果就不规则了，称"满天星"。

5. 果。果实为浆果，有圆形、扁圆形、长条形与倒卵圆形等。果色有深紫、鲜紫、白色与绿色，而以紫红色的最普遍。茄子果肉的主要组成部分由果皮、胎座及心髓所构成。果皮、胎座及心髓部的海绵薄壁组织为茄子的主要食用部分。这些海绵组织的细胞间隙很多，所以茄子的比重小，在子房膨大过程中，细胞分裂很早停止，着果后主要是细胞的膨大及细胞间隙的增加。

6. 种子。短肾形，扁平，表面光滑，黄褐色，种子千粒重 4~5 克。

（二）环境条件

1. 温度。茄子具有喜温、耐热、怕霜的特性。种子发芽要求较高的温度,以 30℃ 左右为宜;幼苗期以日温 25℃ 左右、夜温 15℃~20℃ 为宜;开花结果期以 25℃~30℃ 为宜,低于 17℃ 植株生长缓慢,且花芽分化延迟,花粉管的伸长受影响,会引起落花,低温还容易产生双子房,形成"连体果",10℃ 以下引起新陈代谢失调,5℃ 以下会受冻害。茄子不耐霜,-1℃ 时便会死苗,育苗期要注意保温。当温度高于 35℃ 时,花器发育不良,尤其在高夜温条件下,呼吸旺盛,果实生长缓慢,容易形成僵果。

2. 光照。茄子对日照长度反应不敏感,不因日照时间的变化而影响正常开花结果,但光照强弱影响光合作用的强度。在弱光照下,光合产物少,叶片薄,生长细弱,且授精能力低、容易落花。日照充分,强度较大则营养积累多,植株生长健壮,产量高。

3. 水分。茄子分枝旺盛,叶面积大而且较薄,蒸腾作用强,要求土壤湿润和较大的空气湿度,土壤水分不足,植株生长慢,结果少,果面粗糙,品质差。在不同生长时期要掌握合理供水的原则。结果前期需水量小,开花结果期需水量大增,又正值高温时期,应及时供应肥水。

4. 土壤营养。茄子耐肥性比番茄、辣椒都强,不易徒长,因此要选择肥沃、排水良好的砂壤土栽培。茄子对氮素肥料要求较高,缺氮时下层叶易衰老脱落,开花数减少,结果率下降,引起显著减产;增施钾肥有利于植株生长,结果多。除施足基肥外,要多次追肥,确保充足的矿质营养供应,延长结果期,提高产量。

三、类型与良种

(一) 类型

茄子的分类可依据果实及植株的形态,也可依据成熟的早晚。而这些性状又是相互联系的,如果实大而圆的品种多数属晚熟种,果实小而植株矮的品种多数属早熟种,但也有少数圆形的早熟种及长形的晚熟种。茄子习惯上依果实形状分为下列三个变种:

1. 圆茄。植株高大,叶宽而厚,果实圆球形、扁圆形。多数属晚熟品种,单果重 0.5~1 千克,但也有比较早熟的品种。

2. 卵茄。多数属早熟种,植株较矮,叶较小而薄,果实为卵形至长卵形,呈电灯泡状。

3. 长茄。大都为早熟到中熟,植株中等,叶小而狭长,果实呈棒状,长 25~30 厘米,也有达 30 厘米以上,皮薄,肉质柔软。

以上三种类型的茄子性状有时是相互交错的,尤其茄子杂种优势利用开展以来,果实形状及植株高矮均有许多中间类型。

(二) 良种

1. 湘早茄。湖南省蔬菜研究所 1988 年选育的早熟一代杂交茄子品种。株高 63 厘米,开展度 82 厘米,茎紫黑色，叶卵圆形、绿色带紫晕。第一朵花着生于第八节，多单性。果实卵圆形，果长15厘米，果粗6厘米，果面光滑，皮紫黑色，有光泽，单果重约150克。早熟，耐寒、耐湿，但不耐高温，抗病性较差。一般每666.7平方米产量2500~3000千克，品质中等。

2. 湘茄1号。原常德市蔬菜研究所选育的早熟一代杂交茄子品种。植株生长势强，叶浅绿色。果实长棒状，果面光亮紫红色，单果重约100~200克。肉质乳白、细嫩，商品性好。早熟，耐寒、耐湿、耐肥，抗病性强。一般每666.7平方米产量3000~3500千克。

3. 早青茄。长沙市蔬菜研究所1993年选育的早熟青茄杂交组合。株型较紧凑，株高64厘米，株幅62厘米，枝条较粗，第一花着生于第10节，花单性，每隔两节一朵花，第一果实为扁圆形，以后为灯泡形，果大，果皮青绿、光亮，质地细嫩，品质优良。一般每666.7平方米产量3000~3500千克。

4. 特大绿宝石。山西博大种苗有限公司繁育的早熟杂交茄子品种。株高60~67厘米，6~7片叶结第一果，单果重250~300克，卵圆形，浅绿色，肉质疏松，品质上乘，每666.7平方米产量3500~4000千克，适于日光温室越冬栽培、春季露地及保护地栽培。

5. 衡阳油罐。衡阳地方品种。植株生长势强。茎紫红色，叶绿色，近椭圆形。果实紫红色，油罐形，单果重

210克左右，果肉白色，晚熟。耐肥、耐热，抗病能力强，适于秋延后栽培。

6. 湘茄6号。湖南省蔬菜研究所选育的晚熟杂交茄子品种。植株生长势强，株高103厘米，开展度约100厘米，叶色浓绿，果实紫红色，粗条形，果长20厘米，果粗约6.9厘米，单果重280~350克，晚熟，从定植到始收60天左右。耐热、耐肥，抗病性强。一般每666.7平方米产量3000~3500千克，适于作秋茄或秋延后栽培。

四、栽培技术

（一）春提早栽培

1. 选择适宜品种。宜选择耐弱光和低温、生长势中等、门茄节位低、易坐果、果实发育较快的品种。目前湖南采用的主要品种有湘早茄、湘茄1号、早青茄等。

2. 早育适龄秧苗。应提早在10月上旬播种，采用大棚内冷床育苗，11月下旬排苗于大棚苗床或营养钵中，于低温来临之前分苗成活，床土配制、苗床与种子消毒、播种、育苗方法参照辣椒育苗进行，不同的有四点：①播种量宜小，每平方米10克左右；②出苗时宜早揭地膜，以免下胚轴过长而容易发生猝倒病；③茄子幼苗耐低温的能力比辣椒弱，应加强越冬的保温措施，采用地膜护根三层覆盖保温为宜；④茄子幼苗的抗病力比辣椒弱，除加强苗床通风外，应注意经常喷药防治真菌病害，防病药剂有速克宁、甲基托布津、百菌清等。

3. 严格土壤消毒，重施基肥。茄子丰产栽培的关键是防止黄萎病的发生，保证苗全。比较成功的经验是重视土壤消毒，于前作收获后土壤翻耕之前，每666.7平方米重施生石灰200千克。茄子耐肥，对土壤肥力要求高，因此要重施基肥，每666.7平方米施有机肥4000千克，饼肥100~150千克，三元复合肥75千克或尿素20千克，磷肥50千克，钾肥20千克。基肥的施用采用全层撒施为宜。

4. 整地作畦、覆盖地膜。基肥施入后应立即整地作畦，畦宽1米，沟宽0.5米，沟深0.3米，畦面呈龟背状。整地作畦后随即覆盖地膜，整个工作应于移栽前10天完成。

5. 提早定植、合理密植。茄子春提早栽培可提早在2月中、下旬抢晴天定植，每畦栽植两行，株距35厘米，每666.7平方米栽植2300株。定植后立即浇上甲基托布津溶液作压蔸水，并用土杂肥封严定植孔。

6. 定植后的管理

（1）温湿度调节参照辣椒春提早栽培执行。

（2）整枝打叶　茄子进入始花期后，基部侧芽萌发多，既消耗养分又影响通风透光，应及时整枝。整枝宜采用杯状整枝，即第一分叉下保留一个健壮侧枝，其余侧枝抹除，待保留侧枝结一果后摘心，此法可增加茄子的早期产量。茄子生长中期，基部老叶功能丧失，成为无用之叶，为使冠丛中通风透光良好，多结果，结好果，使果实色泽鲜亮，又减少老叶传染病菌的机会，应及时打掉老叶。

(3) 激素保果 茄子春提早栽培开花早，前期因气温低容易引起落花落果，可用0.002%的2,4-D涂抹果柄，或用0.003%~0.004%的防落素喷花。

(4) 及时采收 茄子春提早栽培在4月下旬就可陆续采收上市，对干根茄要早摘，对于对茄、四母茄要勤摘，间隔2~3天采收一次，既抢市场价格又促后续果实的发育，保证连续高产。

(5) 病虫害防治 茄子的主要病害有黄萎病、绵疫病。对于黄萎病的防治重在轮作，严格土壤消毒，重施生石灰。近年来利用野生茄子作砧木，采用嫁接换蔸技术防治该病效果显著。对于绵疫病可在发病初期用可杀得喷雾防治。茄子的虫害主要有蚜虫、棉铃虫、二十八星瓢虫、茶黄螨等。蚜虫用乐果、敌蚜螨防治；棉铃虫、二十八星瓢虫用功夫或卡死克喷雾防治；茶黄螨用哒螨酮、克螨特防治。

(二) 大棚秋延后栽培

1. 品种选择。茄子秋延后栽培宜选用生育期长，生长势强健，前期耐热，后期耐寒，抗性强，品质好，耐贮运的中晚熟品种，如湘茄6号、衡阳油罐茄等。

2. 适时培育壮苗。选择适宜的播期和培育适龄壮苗是秋延后茄子丰产的关键。湖南秋延后茄子播种适期为6月上、中旬，一般在露地播种育苗。苗床土的选择和消毒及播种与冬季育苗相同，只是育苗期正处在高温、多雨季节，晴天高温时需盖遮阳网，实行昼盖晚揭，连续阴雨天气，需盖塑料小拱棚，但不封严，雨停即揭，严格控制浇水，以防土壤过湿而引起徒长。出苗后，及时间苗，两叶一心时排苗至营养钵内或排到苗床土内，苗距15厘米左右。苗龄30~50天，植株开始现蕾时定植。

3. 严格土壤消毒，重施基肥。参照春提早栽培执行。

4. 适期定植、合理密植。一般在7月下旬定植，最迟不宜过立秋，否则茄子生长期缩短，影响产量。栽植密度为666.7平方米1700~2000株。

5. 定植后的管理

（1）遮阳降温　定植后至生长前期，采用银灰色遮阴网扣棚，遮阳降温，以利生长。

（2）立架防倒　秋延后茄子植株生长高大，容易倒伏，应插竹竿缚茎防倒伏。

（3）整枝打叶　参照春提早栽培执行。

（4）及时防治病虫害　秋延后茄子的病害主要有褐纹病，可用75%的百菌清600倍液或70%代森锰锌400~500倍液喷雾，每周喷一次，连喷2~3次。虫害主要有红蜘蛛和茶黄螨，及时防治这两种虫害是茄子秋延后栽培成败的关键，应及早用克螨特喷雾防治，每隔10天喷雾一次。

（5）扣棚保温防冻　10月中旬当最低气温下降至15℃时，应及时扣棚保温防冻，尽量延长结果期。

第三章　无公害反季节瓜类蔬菜栽培

瓜类蔬菜包括西葫芦、黄瓜、西瓜、甜瓜、南瓜、笋瓜、冬瓜、丝瓜、苦瓜、瓠瓜、佛手瓜、蛇瓜等葫芦科草本植物。构成庞大的瓜果类种族。其中黄瓜为果菜兼用的大众食品，通过多种栽培形式能够周年生产，均衡上市。西瓜、甜瓜为盛夏解暑的主要水果。西葫芦为春末的度淡菜种，冬瓜、丝瓜、苦瓜、南瓜为广大人民喜爱的膳食佳品。其他瓜类零星分布，在蔬菜供应中占次要地位。

第一节　西葫芦

一、经济价值

西葫芦又名美国南瓜，原产中美洲热带高原地区，是瓜类蔬菜相对耐寒、上市最早的一种。近年来在我国南北普遍种植，尤其适合于设施栽培。

西葫芦以嫩瓜供食，宜炒食，肉质细嫩，清脆爽口，是4~5月份上市的时令蔬菜。其抗性强、适应性广，容易种植,且产量高,病虫害少,不需施用农药,是真正的无公害蔬菜。广大农村可充分利用山地、台田发展西葫芦小拱棚栽培,力争"五一"前后上市,不失为农业增效的好途径。

二、生物学特性

(一) 植物学特征

1. 根。西葫芦根系发达,主根入土可达2米,一般直根深60厘米左右,侧根多,主要根群分布10~30厘米的土层内。

2. 茎。茎蔓生、半蔓生或茎蔓丛生。目前栽培品种多为短蔓,蔓长不足1米,主蔓节间密,顶端优势强、分枝少。

3. 叶。叶片硕大,绿色,互生;叶柄与叶面有刺,叶柄中空容易折断。

4. 花。花为黄色,雌雄同株异花,雌花大于雄花,出现较雄花早,早期应采用激素保果。

5. 果。果实形状多为长筒形或扁圆形,嫩果有绿、花绿、金黄色几种,老熟果多乳黄色。果重250~2000克,依采收时期而异。

6. 种子。种子扁平,长卵圆形,多为乳黄色,千粒重150~200克。

(二) 环境条件

1. 温度。西葫芦为喜温蔬菜,较耐低温,但不耐高温，在高温下病毒病、白粉病发生严重。种子发芽适温28℃~32℃，植株生长发育适温18℃~28℃，瓜果生长膨大的适温为20℃~25℃。苗期适宜的低温有利于花芽分化和雌花的形成，32℃以上高温花器发育不正常，40℃以上高温植株停止生长。

2. 光照。西葫芦为喜光作物，在充足的阳光下，生长良好；在弱光下，生长瘦弱，叶大而薄，容易徒长。短日照条件下雄花多，开花结果早。

3. 水分。西葫芦较耐旱，生长前期以土壤不干燥为度，果实膨大期需水量较多，要求保持土壤湿润。

4. 土壤营养。西葫芦的根系吸收能力强，既耐土壤瘠薄，又耐土壤肥沃，以在肥沃的沙壤土上种植，最易获得高产。西葫芦对大量元素的吸收量以钾最多，氮次之，磷较少，一般每产1000千克西葫芦需氮3.29千克，磷2.08千克，钾8.08千克，因此在栽培上应深耕翻土，加大有机质等土杂肥的施用量，为实现高产奠定基础。

三、优良品种

1. 早青一代。早熟，下种后45天可采收重500克左右的嫩瓜。植株矮小，叶柄短，不拉蔓，宜密植。雌花多，瓜码密，四节开始结瓜，一株同时可结2~3个瓜。瓜长筒形，嫩瓜皮色浅绿，老熟瓜黄绿色，重约1~1.5千克，每666.7平方米产量5000千克以上。

2. 特早一号。山西省博大种苗有限公司繁育。极早熟，下种后37天可采摘重250克的嫩瓜。植株小，叶柄短，不拉蔓，宜密植。雌花多，瓜条密，四节开始结瓜。一株可同时结瓜3~4条，瓜长圆柱形，嫩瓜微绿白花皮，抗病毒病，适应性强，每666.7平方米产量6000千克。

3. 银青一代。山西省博大种苗有限公司繁育。极早熟，下种后40天可摘重250克左右的嫩瓜。植株小宜密植，叶柄短，蔓粗短。雌花多，瓜码密，一株同时可结2~3个瓜。瓜长圆柱形，瓜型上下均匀对称，嫩瓜微绿白花皮，抗性强，适应性广，每666.7平方米产量6500千克。

4. 阿太一代。早熟，下种后50天可摘重500克左右嫩瓜。矮生，蔓长33~50厘米，叶色深，叶面有稀疏白斑纹。嫩瓜深绿，有光泽，老瓜墨绿。丰产抗病，长势强壮，采收集中，每666.7平方米产量5000千克左右。

5. 黄金屋。早熟，直立型生长，适宜冬春保护地栽培。果皮金黄色，表皮光滑，色泽艳丽，果长25厘米左右，果径4~5厘米，果重250~300克，肉质脆嫩，风味佳，商品性好，产量高，抗病性强，50~55天即可采收，每666.7平方米产量3500~4000千克。

四、栽培技术

（一）春提早栽培

1. 品种选择。适合湖南提早春栽培的西葫芦品种主要有早青一代、银青一代、特早一号等品种。

2. 播种育苗。播种时间为1月上旬至中旬,每666.7平方米大田用种量200~250克,播种前先用温水浸种2~3小时,然后用55℃的温烫水浸种10~15分钟,用清水冲洗种子数遍,拌湿润煤灰后置28℃~30℃下催芽18~20小时,种子露白即可播种。采用电热温床育苗,每平方米苗床可播种子100~150克。播种盖土后随即覆盖地膜,再加盖小拱棚保温保湿,床温维持在25℃左右。幼苗拱土后即揭开地膜,随后降温降湿,加强光照。待子叶充分展开后分苗于营养钵中,每钵一苗。因分苗时气温低,仍需电热加温,将营养钵紧密排列于电热温床上,并采用双层覆盖保温,待幼苗长出3~4片真叶时移栽于大棚或小拱棚内。

3. 整地施肥覆膜。实行窄畦栽培,有利于春季排水。土壤翻耕后,每666.7平方米应撒施饼肥100千克,尿素10千克,磷肥50千克,钾肥7.5千克,腐熟人畜粪1500千克。施肥后应立即整地作畦,畦宽1米,沟宽0.5米,沟深0.3米,并及时覆盖好地膜。整地施肥覆膜工作应于移栽前10天完成。

4. 适时定植、合理密植。在2月下旬抢晴天进行定植,每畦栽两行,穴距0.5米,每666.7平方米栽植1700株,栽后及时浇上压蔸水,并用土杂肥封严定植孔。

5. 定植后的管理

(1) 温湿度调节 西葫芦生长前期以闭棚保温为主,

促进缓苗,早生快发,当晴天气温回升快时,应于中午前后2小时揭膜通风;阴雨天则敞棚保温。当气温稳定通过15℃以上时,要加强通风降温;无风无雨的夜晚可以进行闭棚,促苗健壮生长;当气温稳定在20℃以上时,可以大敞棚,但棚膜继续保留,连续阴雨时可将棚膜拉上,以防梅雨引起嫩瓜腐烂。

(2) 人工授粉与激素保果 西葫芦开花结果期早(4月上旬),此时昆虫活动少,进行人工授粉与激素点花相结合,以促使坐瓜。人工授粉可于早上6~8时摘雄花进行"碰花",每朵雄花可碰2~3朵雌花。因西葫芦早期雄花少且花粉数量不多,单靠人工授粉不能完全解决问题而配合激素点花保果,用50倍高效坐瓜灵于下午涂抹果柄一圈。

(3) 及时采收 西葫芦雌花数目多,头瓜坐稳后往往由于生长中心的转移而影响后续瓜条的连续坐果,故当头瓜达商品成熟时应及时采摘,否则影响后续瓜条的生长发育,一般当瓜重400克以上就可采收。

(4) 破膜追肥 西葫芦结瓜多,对肥水要求高,后期容易早衰,应视市场行情破膜追肥。

(二) 秋延后栽培

1. 品种选择。以特早一号和黄金屋为好。

2. 适期播种育苗。一般以9月上旬播种为宜,采用营养钵分苗,待幼苗长出3~4片真叶时移植。

3. 整地作畦覆膜。参照春提早栽培执行。

4. 适当稀植。冬季光照弱,应适当稀植,以利通风透光。一般每畦栽两行,穴距0.6米,每666.7平方米定植1500株左右。

5. 定植后的管理:

(1) 及时盖棚　于10月上、中旬盖好大棚。

(2) 棚温控制　总原则是植株生长期控制温度不高于28℃,瓜果膨大期控制温度不高于20℃,也不低于10℃,在这个温度界限上来决定大棚门窗的开与闭及多层覆盖的盖与揭。当气温低于10℃时,一定要采用多层覆盖保温。

(3) 激素保果　西葫芦进入开花结果期后,气温逐渐下降,当气温低于15℃时,需采用50倍的高效坐瓜灵涂抹果柄。

(4) 肥水管理　总原则是"浇瓜不浇花",每采收一次瓜追一次肥。每666.7平方米用2~3成的粪水3000千克对尿素5千克,硫酸钾4千克浇施。

(5) 及时采收　当瓜长到500克左右时,应及时采收,过大不仅影响商品性,而且影响收入。

第二节　黄　瓜

一、经济价值

黄瓜,又名胡瓜,原产于印度的潮湿森林地带,传入我国已有2000多年的历史，经长期的人工选择与驯化栽培，形成了众多的类型与丰富的品种。黄瓜我国南北普遍栽培，通过调整播种期，实行露地栽培与设施栽培相结合，可以周年生产，分期分批上市，在蔬菜周年均衡供应中占有重要地位。

黄瓜营养价值高，含有人体必需的多种营养成分和矿物盐，每100克鲜果中含干物质3~6克，其中碳水化合物1.6~4.1克，蛋白质0.4~1.2克，以及多种矿质元素和维生素等。黄瓜还含有丙醇二酸，能抑制体内多余的糖转化为脂肪，有助于减肥，果实近蒂部含有苦味物质为葫芦素C，具有抗癌作用。此外，黄瓜叶还可作美容霜，黄瓜藤还可利尿解毒，具有降血压和胆固醇的医疗功效。

黄瓜果实水分多，脆嫩可口，且具特殊的清香味，既可作水果和凉拌生食，又可烹调炒菜熟食，还可作泡菜腌制、制罐等，各种食法都别具风味。

黄瓜产量高，而且较耐贮运，并可加工。鲜果就近或运销国内市场，各种加工黄瓜，可销往国外市场。可见黄瓜是一种经济价值高、效益好的作物。

二、生物学特性

（一）植物学特征

1. 根。黄瓜根系不发达，属浅根系植物，主要根群分布在30厘米左右的土层中，根量小而且易老化，除幼根外，断根后难发新根，故应采用营养钵育苗或带土移栽。

2. 茎。茎为细长攀缘茎，五棱形，有刚毛、中空，易折断，茎节有分枝或卷须。分枝强弱依品种而异，早熟品种分枝弱，中晚熟品种分枝多。

3. 叶。叶呈五角形，深绿色，叶缘有缺刻，叶片和叶柄上有刺毛。

4. 花。花黄色，雌雄同株异花，具单性结实性，筒状花冠，多在清晨开放，为虫媒花，天然异花授粉作物。第一雌花节位依品种和栽培环境而异，春季栽培，早熟品种3~4节，中、晚熟品种5~7节出现第一雌花；夏秋栽培，雌花出现节位相应提高。

5. 果。果为圆筒形或棒状，果面有瘤、刺或无，嫩果白色至绿色，老熟果黄白色至棕黄色。

6. 种子。种子披针形，扁平，种皮黄白色，千粒重22~42克。

（二）环境条件

1. 温度。黄瓜性喜温暖，不耐寒冷，发芽适温28℃~32℃，生长适宜的温度为15℃~32℃，低温界限为10℃~12℃，高温界限为35℃~40℃，10℃以下或超过40℃时，生长停止。黄瓜在不同的生育时期对温度的要求有差异，并要求有一定的昼夜温差，一般以昼温25℃~30℃，夜温13℃~15℃，昼夜温差10℃~15℃为宜。黄瓜不同品种对温度的适应能力不同，早熟品种耐低温的能力较强,中晚熟品种耐高温的能力较强。

2. 光照。黄瓜较耐弱光,光补偿点为2000米烛光,光饱和点为5.5万米烛光,为高光效作物,特别适合温室和大棚栽培。但阴雨天过多,阳光过弱,"化瓜"现象严重。黄瓜虽对日照长度要求不严,但短日照条件下更有利提早开雌花。瘤、刺较少的华南系统黄瓜,一般只适合作春黄瓜栽培,瘤、刺较多的华北系统黄瓜,春、夏、秋季均可栽培。

3. 水分。黄瓜喜湿,怕涝,不耐旱,要求较高的土壤湿度和空气湿度。一般土壤湿度为田间最大的持水量的70%~80%,空气湿度为60%~90%。黄瓜对水分要求因不同的生育期而异,需要水分较多的时期是开花结果期,尤其是开花结果盛期,若此时水分供应不足或不及时,则大大削弱其连续结果的能力,甚至使正在生长的果实变成尖嘴细腰的畸形果。但黄瓜怕涝,若田间渍水过多,则病害发生严重。

4. 土壤营养。黄瓜根系吸收能力弱,喜肥而不耐肥,应选择富含有机质的肥沃壤土种植。黄瓜对三要素的吸收以钾最多,氮次之,磷较少。每生产1000千克黄瓜,需氮1.7千克,磷0.99千克,钾3.49千克,因此栽培黄瓜要重施有机肥,并注意氮、磷、钾的配合。黄瓜吸肥力弱,对高浓度肥料反应敏感,追肥则采取低浓度而适当增加次数的方法,即所谓"勤施薄施"、"少吃多餐"。黄瓜对土壤酸碱度的要求为 pH 值 5.5~7.6，以 pH 值 6.5 最为适宜。

三、类型与品种

(一) 类型

黄瓜从生态型的角度出发，可分为华南生态型和华北生态型；从栽培目的出发，可分为鲜食型和加工型。

1. 按生态型分类

(1) 华南生态型　分布我国南部，蔓叶较粗大，根系较发达。嫩果多是绿色黑刺品种，间有绿白、黄白或白色带刺品种。果皮较厚硬，胎座较发达，水分充足，肉质中等。熟果黄褐色、有网纹，果实多筒状，中小型。植株较茁壮，具短日性，较耐低温，抗病性较弱，适宜春季栽培。

(2) 华北生态型　分布于黄河流域和北方各地，蔓细叶薄，生长势较弱，根群稀疏，再生力弱。喜光，喜温、喜湿，日照中性，果实长筒至棒状或棍状，大中型。嫩果多是绿色白刺品种。果皮薄，刺密、肉厚、胎座小，肉质清香脆嫩，3 室。熟果黄褐至棕褐色，抗病性较强，适宜不同季节、不同地区种植。

2. 栽培分类

(1) 鲜食型　生长势中等，分枝较弱，主蔓结瓜为主，为大型果品种，以鲜食为主。

(2) 加工型　生长势较弱，分枝多，主侧蔓同时结瓜，果小，瓜码密，果实棱小刺密，皮薄瓤大，特别脆刺。适于嫩果加工成各种高档小菜。

(二) 良种

1. 湘黄瓜3号。长沙蔬菜研究所1996年育成的特早熟大棚黄瓜杂交组合。耐低温、短日照，植株生长快，节间较长，叶片较小，适宜密植，第一雌花出现在3～4节，以早熟著称，较抗枯萎病、霜霉病和白粉病，一般每666.7平方米产量5000～6000千克。

2. 津春2号。天津黄瓜研究所选育的春季大棚栽培品种。早熟性好，前期产量高，主蔓结瓜为主，瓜条顺直，深绿色，商品性极佳，抗霜霉病、白粉病能力强。大棚栽培每666.7平方米产量5000千克以上。

3. 津杂4号。天津黄瓜研究所选育。抗病能力强，早熟，高产，植株长势强，叶片肥大而浓绿，主侧蔓均具有结瓜能力，下部侧蔓应及时摘除。瓜条绿色有棱，刺瘤较密，商品性好，适于春季大棚、春露地及秋延后栽培，每666.7平方米产量5000千克以上。

4. 津优一号。天津黄瓜研究所选育。抗病，高产，商品性好，瓜条顺直，瓜柄短，心小肉厚，耐低温，大棚种植可延长收获期，适宜秋大棚及春小棚栽培。每666.7平方米产量4000～5000千克。

5. 津优三号。天津黄瓜研究所选育。抗病性强，丰产性好，较耐低温，耐弱光，商品性好，植株紧凑，长势强，叶深绿色，瓜条顺直，瓜柄短，瘤显著，密生白刺，适合越冬日光温室及春秋大棚栽培。每666.7平方米产量5000千克以上。

四、栽培技术

（一）春提早栽培

1. 品种选择。适合大棚或小拱棚春提早栽培的黄瓜品种应具有耐寒、耐湿、耐弱光，抗病性强，叶片小，分枝性弱，坐果节位低，雌花率高，早熟等特性。目前湖南省春提早栽培采用的主要品种有津春2号、津优3号、湘黄瓜3号等。

2. 播种育苗。黄瓜春提早栽培成功的关键是采用电热加温育苗措施，因黄瓜幼苗耐低温能力比茄果类幼苗弱，如不采用加温措施，即使播种再早，也因温度不够而不能培育适龄壮苗，往往形成小僵苗。一般于1月中、下旬在大棚内采用电热加温育苗，栽培每666.7平方米大田用种量为150～200克，播前温水浸种2～3小时，再温汤（55℃～60℃）浸种10分钟，清水冲洗种子数遍，拌湿润煤灰于28℃～30℃下催芽12～18小时，种子露白即可播种，每平方米苗床播种量70～100克。床土准备与消毒，播种与盖药土可参照辣椒育苗执行，播种盖土后随即覆盖地膜，再加盖小拱棚保温保湿，维持床温25℃左右。幼苗拱土即揭开地膜，随后降温降湿，加强光照，待幼苗子叶充分展开，即将破心时分苗于营养钵中，每钵2苗。将营养钵紧密排列于电热温床上,并用双层覆盖保温,待幼苗长至四叶一心时移栽到大棚或小拱棚内。

3. 整地施肥。于前作收获后土壤翻耕前每666.7平方米撒施生石灰 100～150 千克进行土壤消毒;土壤翻耕后每 666.7 平方米施腐熟人畜粪肥 2000 千克,饼肥 100～150 千克,三元复合肥 50 千克或尿素 15 千克,磷肥 50 千克,钾肥 15 千克。然后整地作畦,畦宽 1 米,沟宽 0.5 米,沟深 0.3 米,整地作畦后,立即覆盖地膜。整地施肥工作应于移栽前 10 天完成。

4. 移苗定植。移苗定植在 3 月上旬选择晴天下午进行,每畦栽 2 行,穴距 50 厘米,每 666.7 平方米定植 1700 穴,3400 株,栽后及时浇上压蔸水,并用土杂肥封严定植孔。

5. 定植后的管理

(1) 保温防冻与通风降湿　缓苗期闭棚增温促缓苗。3 月底前主要是做好保温防冻工作,夜晚及寒潮来临时,大棚栽培要在棚内加盖小拱棚或遮阳网;小拱棚栽培要在棚两侧护草帘,棚顶加盖遮阳网。白天则根据天气情况适当通风。进入 4 月份后,大棚栽培要加大通风量,无风无雨的夜晚可进行大敞棚;小拱棚栽培要逐步增大放风,将小拱棚拆去,有利于插竹竿引蔓上架。5 月份以通风降温为主,上午当棚内气温达到 30℃ 时开始通风,下午棚内气温降至 25℃ 时停止通风,5 月 20 日左右可以考虑将棚膜拆除。

（2）搭架引蔓　当蔓长0.3米时，应及时搭架引蔓，采用立式篱架为好，以利通风透光。黄瓜上架后，生长快，要求2~3天缚蔓一次，缚蔓应在下午进行。

（3）激素保果　大棚黄瓜开花结果前，因气温较低，昆虫活动少，虽具有单性结实的特性，但坐果率不高，应进行人工授粉或激素保果，一般采用50倍的高效坐瓜灵于下午涂抹果柄。

（4）及时采摘　大棚黄瓜果实生长发育快，瓜条密，更应及时采摘，以保证后续果实的发育。一般隔一天采收一次。

（5）病虫害防治　黄瓜的病害主要有枯萎病、疫病、霜霉病、细菌性角斑病，可分别用代森铵、可杀得、甲霜灵、农用链霉素防治。虫害主要有蚜虫，可用敌蚜螨或乐果喷雾防治。

（二）秋延后栽培

1. 品种选择。一般选用适应性强，较抗病，耐热，雌花形成对日照长度反映不敏感，植株生长势较强的品种。如津春2号、津杂4号、津优1号等。

2. 选地与整地施肥。选用肥沃、疏松、排灌条件良好且当年未种过黄瓜的大棚。深耕烤土后，每666.7平方米施优质有机肥3000千克、饼肥100千克、复合肥50千克、并撒施石灰150千克，整地作畦。

3. 播种育苗

(1) 播种期　8月下旬播种为宜。

(2) 播种量　每666.7平方米用种量为200克。

(3) 播种方法　种子用温汤浸种后即可播种在露地苗床上,苗床上宜覆盖银灰色遮阳网降温保湿、保出苗。也可采用直播法。

(4) 分苗　可分苗也可不分苗直接移栽。分苗在子叶平展、第一片真叶出现时将苗假植在营养钵内或分苗床内,分苗后应及时盖遮阳网保湿缓苗。

4. 定植方式与密度。每畦栽两行,株距0.35~0.4米,每666.7平方米栽2400株左右。

5. 田间管理

(1) 遮荫保湿　定植后即浇透压蔸水,盖银灰色遮阳网至缓苗,然后视天气情况(气温高于35℃时)决定是否盖网。

(2) 中耕培土　缓苗后,立即浅、细中耕一次,插架前第二次中耕,要求深细,并向播种行培土成垄。

(3) 插架与绑蔓　培土之后立即插架,插架可用竹条也可用绳、带代替,搭成篱架,注意竹条应低于拱杆。最好底部用木、竹固定,上部用绳带引蔓。瓜蔓长到30厘米时,开始每隔4~5节绑一次蔓。侧蔓视品种特性决定是否保留,如津杂4号其侧蔓结瓜能力强,应保留。

(4) 水、肥管理　整个生育期,多高温干旱,气温是前高后低,逐渐下降,对水肥要求较高。前期高温干旱,应结合中耕勤浇稀粪水,天晴1~2天浇一次,保证黄瓜营养生长的需要。盛瓜期,天晴时采收一次后,浇施一次稀粪水或化肥,每666.7平方米施碳铵20千克,或尿素10千克,钾肥5千克。最好在早晚浇,结合喷药加0.3%~0.5%的尿素和磷酸二氢钾进行叶面追肥。但在第一雌花开花前后,适当控制几天不浇水,促根瓜坐瓜。

(5)盖棚保温 在10月中、下旬寒露风来之前(或夜间最低气温低于15℃时)即要盖棚,白天注意通风,晚上注意保温,可延长黄瓜的生长期和上市期。

6. 虫害防治

(1)蚜虫 用2.5%功夫乳油2000倍液,或50%抗蚜威乳油2000倍液、50%乐果乳油1000倍液交替喷雾。

(2)瓜绢螟 为秋黄瓜的主要害虫。可用21%灭杀毙乳油6000~8000倍液或2.5%敌杀死乳油2500~5000倍液、20%灭扫利乳油2500~4000倍液喷雾。药剂要交替使用。

(3)霜霉病及疫病 用65%代森锰锌可湿性粉剂500倍液,或75%百菌清可湿性粉剂500~600倍液、40%乙磷铝200~250倍液,在发病初期进行喷布。5~7天喷一次,几种农药要交替使用。

(4)炭疽病 发病初期用20%代森锰锌可湿性粉剂200倍液,或农用链霉素喷雾,7~8天喷一次。

7. 采收。根瓜要适当早采,盛瓜期可根据坐瓜情况及时采收,畸形瓜尽早摘除。

第三节 冬 瓜

一、经济价值

冬瓜原产我国南部,现分布全国,而以湖南和广东两省盛产。

冬瓜质地清凉,水分多,味清淡,能消暑解热。果实中含有一定量的维生素和少量的糖,每100克果肉含3.5克左右的干物质,其中蛋白质0.4克,脂肪0.3克,粗纤维0.4克,碳水化合物2.4克,维生素C16毫克以及其他钙、铁、磷等矿物质。冬瓜全身都是宝,鲜果宜炖汤、做馅或炒食、红烧,还可制成冬瓜干、脱水冬瓜、速冻冬瓜或糖渍品等。冬瓜种子、瓜瓤及果皮,可作中药材,药效清凉、滋润、降湿解热。

冬瓜产量高,每666.7平方米可达5000~10000千克,且耐贮运,供应期长,从6月至初冬均有上市,对蔬菜周年均衡供应,尤其是缓解8~9月秋淡有重要意义。

二、生物学特性

(一)植物学特征

1. 根。根系强大,须根发达,深度0.5~1米,宽度1.5~2米,其根系吸收能力强,容易产生不定根。

2. 茎。茎蔓性，五棱，绿色，密被茸毛。分枝力强，每节腋芽都可发生侧蔓，侧蔓各节腋芽也可发生孙蔓。初生茎节只有一个腋芽，抽蔓开始，每个茎节出生分歧卷须，其后茎节着生雄花或雌花。

3. 叶。叶掌状，5~7个浅裂，绿色，叶面叶背具茸毛，叶脉网状，背部突起，叶柄明显，被茸毛。

4. 花。花黄色，雌雄同株异花。一般先发生雄花，随后发生雌花，花一般早晨开放。

5. 果。果为瓠果，扁圆形、圆筒形或长圆筒形，依品种而异，幼果被茸毛，成熟果绿色或墨绿色，有蜡粉或少量茸毛。

6. 种子。种子近椭圆形，种脐一端稍尖，扁、浅黄白色，种皮光滑或有突起边缘。千粒重50~100克。

（二）环境条件

1. 温度。冬瓜为喜温耐热蔬菜。种子发芽的适温为30℃左右；幼苗稍耐低温，能短期忍受10℃左右的低温，15℃左右生长缓慢，20℃~25℃时生长良好；蔓叶生长与开花结果以25℃~28℃为宜，15℃以下开花、授粉不良，影响坐果，或坐果后果实发育缓慢。果实对高温烈日的适应性因品种而异，有白蜡粉的品种适应性较强，无蜡粉的青皮品种适应性较弱。

2. 光照。冬瓜为喜光作物，蔓叶生长与授粉坐果均以晴朗天气为好，但夏季光线过强，容易对果实造成灼伤，要注意遮阳保护。冬瓜对日照长度要求不严，但较短的日照可以促进发育，雌雄花的发生节位提早。早熟冬瓜栽培就是利用这一特性，提早在保护地里育苗。

3. 水分。冬瓜根系发达，吸水力虽强，但蔓叶繁茂，蒸腾面积大，果实硕大，消耗水分多，因此不太耐旱。冬瓜对水分的需求随着生长发育的加速而逐渐增加，至果实膨大盛期达到最高峰。除需要充足的水分外，还需要较高的空气湿度，气温较高和湿度较大有利于坐果；空气干燥，气温低或降雨多时坐果差。果实发育后期尤其是采收之前，则水分不宜过多，否则，降低品质，不耐贮藏。

4. 土壤营养。冬瓜产量高，需肥量大。每生产5000千克冬瓜，约需氮15~18千克，磷12~13千克，钾12~15千克，因此栽培冬瓜宜选择富含有机质的肥沃壤土，并注意施用大量肥效长的有机肥料，以提高品质。切勿偏施氮肥，不仅易感病，而且果实味淡，品质差。

三、类型与良种

（一）类型

冬瓜的类型比较复杂，按果实的形状，可分为扁圆形、短圆柱形和长圆柱形三种；按果实表皮的颜色与蜡粉的有无，可分为青皮冬瓜和粉皮冬瓜；按果实的大小，可分为小型冬瓜与大型冬瓜。

（二）良种

1. 一串铃冬瓜。植株长势中等，叶片掌状，深绿色，有白色刺毛，第一雌花着生在第4～6节，以后每隔1～2节结1瓜，瓜码密，故名一串铃。瓜短圆筒形，高18～20厘米，横径18～24厘米，单瓜重1～2千克，青绿色，被白蜡粉，瓜肉白色，肉厚3～4厘米，纤维少，水分多，品质中上，早熟品种。

2. 青皮冬瓜。长沙地方品种。早熟，较耐寒，植株生长势中等，分枝性强。果实较小，圆筒形，单果重8～10千克，成瓜快，不耐日灼，肉质细密，品质好，每666.7平方米产量6000千克。

3. 槊梨早冬瓜。长沙槊梨一带农家品种。早熟，耐寒性较强，较抗蔓枯病和疫病。植株生长势和分枝性较弱，适于间作和密植栽培。果较小，圆筒形，单果重5～8千克，成瓜快，上粉早，耐日灼，品质较好，6月上旬始收，每666.7平方米产量4000千克。

4. 青杂二号冬瓜。长沙市蔬菜研究所育成的早熟青皮杂交冬瓜组合。早熟，耐肥，抗逆性强，较耐低温，前期生长发育快，坐果率高，质地致密，品质佳。植株蔓生，主蔓在8～10节初现雌花，两雌花间隔4～6节。果实呈圆筒形，色墨绿，单果重约13千克，一般每666.7平方米产量5000千克以上。

5. 青杂一号冬瓜。长沙市蔬菜研究所育成的渡淡、丰产型杂交一代冬瓜新组合。植株主蔓第20～22节着生第一雌花，邻节雌花间隔6～7节。果实长圆炮弹形，果皮深绿色，表皮光滑被茸毛，单果重15~20千克，膘厚，空腔小，质地致密，品质佳，耐贮运，为晚熟大型冬瓜，每666.7平方米产量，5000~6000千克以上。

6. 粉杂一号冬瓜。长沙市蔬菜研究所育成的渡淡、丰产型杂交一代冬瓜新组合。植株蔓生，主蔓第18~20节出现第一雌花，邻节雌花间隔7~9节。果实长圆炮弹形，果皮深绿色，被蜡粉，有茸毛，单果重18~23千克，膘厚，质地致密，味甜而粉，品质上乘，耐贮运，耐日灼，每666.7平方米产量5000~7000千克。

7. 粉杂二号冬瓜。长沙市蔬菜研究所育成的粉杂交冬瓜新组合。植株蔓生，主蔓第7~9节出现第一雌花，邻节雌花间隔4~6节。果实短圆筒形，果皮深绿色，被蜡粉，有茸毛，单果重8~12千克。早熟粉皮，适应性强，耐低温与日灼，前期生长迅速，坐果率高，质地致密，品质佳。一般每666.7平方米产量5000千克。

四、春提早栽培技术

（一）品种选择

应选择早熟、抗病的梨早冬瓜、长沙青皮冬瓜，青杂2号、粉杂2号冬瓜品种。

（二）早育壮苗

冬瓜春提早栽培的适宜播种时期为2月中、下旬，在大棚内采用电热加温，营养钵育苗。冬瓜种子较大，种皮较坚实，每666.7平方米大田用种量为100克左右。播种前常进行浸种催芽，先55℃~60℃温水浸15分钟，继续在常温水中浸泡5~6小时，然后置于30℃~32℃下催芽2~3天，种子露白后即可播种于电热温床中，苗床管理与壮苗方法可参照西葫芦育苗进行。当幼苗长至3~4片真叶时即可定植。

（三）整地施肥

于前作收获后土壤翻耕前每666.7平方米撒施生石灰100千克进行土壤消毒。土壤翻耕后每666.7平方米全层撒施腐熟人畜粪2000千克，饼肥150千克，尿素20千克，磷肥50千克，钾肥20千克，结合整地将肥料与土壤混匀，然后作畦，畦宽1.5米，沟深0.5米，沟深0.3~0.5米（畦、腰、围沟各0.3、0.2、0.5米），随即覆盖地膜，此项工作应在定植前10天完成。

（四）早定植、适当密植

当幼苗具3~4片真叶时，于3月下旬抢晴天进行定植，每畦栽2行，穴距0.8米，每666.7平方米栽植800株。栽后及时浇上压蔸水，并用土杂肥封严定植孔。

（五）田间管理

1. 前期拱棚覆盖保温防寒。定植当天立即用小拱棚沿栽培行覆盖，加强保温防寒，促进缓苗。4月中旬以前视天气与棚温状况进行揭膜管理，阴雨天气以保温为主，晴天中午加强揭膜通风，防止高温烧苗，棚温最好维持

20℃~32℃，最低温度不低于15℃。

2. 拆棚。4月中旬以后露地气温已适宜冬瓜的生长，应及时拆除小拱棚以利植株抽蔓。

3. 搭架引蔓。采用"一条龙"架式，即在每株冬瓜傍插一楠竹尾，在竹尾上离地1.3米处，用横竹竿或绳草连接固定，如同一条"游龙"。然后将冬瓜植株引蔓上架，引蔓可采取盘藤式，即将植株藤蔓围绕种植窝盘绕1~2圈上架，并用草绳缚蔓于架上。

4. 适位坐瓜。为获得高产，应选留适当节位的雌花坐果。第一雌花节位太低，不利于结大瓜，应摘除不让其坐果。一般选择第二雌花坐瓜较宜，有经验的瓜农当发现第二雌花现蕾时，就注意调整瓜蔓，使准备坐果的雌花处于"龙"上靠近立架的位置，因在此位坐果，有利于吊瓜、护瓜。

5. 人工授粉与激素保果。冬瓜春提早栽培开花期有可能遇低温阴雨，为保证坐果，可采取人工授粉或激素保果措施。人工授粉一般在上午7~9时进行；激素保果在下午4~5时用50倍的高效坐瓜灵均匀涂抹雌花果柄一圈。

6. 吊瓜、护瓜。冬瓜果大果重，当果实发育到一定大小时，应做好吊瓜、盖瓜、垫瓜等护瓜工作。吊瓜的方法是用草绳套住果柄，然后吊在瓜架上，吊瓜时还要调整叶片，使之遮盖果实，以防日晒引起日灼病，当瓜长至

10千克以上时,还应进行垫瓜,即在地面上垫硬物,上放稻草,以支撑冬瓜。

7. 施膨果肥。冬瓜坐稳果后,要加强肥水管理,以促果实膨大。追肥分三次进行:第一次在瓜柄开始弯曲,幼瓜下垂追施2~3成腐熟人畜粪水;第二次在果实迅速膨大期进行,可大肥大水,一般追施3~4成腐熟人畜粪水;第三次追肥在果实膨大减慢,但果肉增厚加快时进行。采收前一段时期应停止供应肥水,否则果实组织不充实,不利于贮运。

8. 整枝打顶。冬瓜一条龙式栽培仅保留主蔓,其余侧枝应及时去掉,当主蔓坐果后再保留10~12片叶摘顶,冬瓜侧枝萌发旺盛,故整枝是一件细致的工作,应经常进行。

9. 病虫害防治。冬瓜春提早栽培的主要病虫害是蔓枯病和蚜虫。防治蔓枯病主要是抓好综合防治,如选择抗病品种,实行轮作,高畦栽培等。药物防治可在开花前后用80%敌克松800~1000倍液、70%甲基托布津1000倍液、50%多菌灵800~1000倍液、75%百菌青500~800倍液进行喷雾或灌根,蚜虫可用敌蚜螨、灭蚜松喷雾防治。

(六) 及时采收上市

春提早栽培冬瓜开花40天左右就达商品成熟度,一般在6月上旬上市,卖价较高,应选择晴天及时采收。

第四节 西 瓜

一、经济价值

西瓜原产南非中部的卡拉哈里沙漠,经海路被传播到印度,后沿"丝绸之路"由新疆传入内地,已有一千多年的栽培历史。目前,我国西瓜种植面积与产量均居世界第一位。

西瓜汁多味甜,质细性凉,食之爽口,是深受广大消费者喜爱的盛夏消暑解渴之佳品,每年6~8月,我国南北各大中城市的西瓜上市量约占鲜水果上市总量的70%~80%以上,由于在夏季瓜果中首屈一指,故有"夏季水果王"的美称。

西瓜不仅品味适口,而且营养丰富。每500克西瓜瓤中含蛋白质6克,糖40克,粗纤维1.5克,钾0.6克,磷50毫克,钙30毫克,铁1毫克,维生素C15毫克,维生素PP1毫克,维生素A0.85毫克,维生素B_1、B_2各0.25毫克,还含有各种氨基酸,苹果酸及其他有机酸、果胶物质和少量配糖体。由于西瓜一次食用量比其他水果大得多,所以获得营养的绝对量也相对多。西瓜还有许多医疗作用,据李时珍的《本草纲目》记载,西瓜可消烦止渴,解暑热;疗咽喉肿痛;宽中下气,利尿,治血痢,解酒毒;瓜汁可治口疮。近来医学认为:西瓜中的配糖体有降血压的作用,所含少量盐类对肾炎有显著疗效。可见西瓜是一种经济价值较高的水果型蔬菜,因地制宜地进行瓜粮轮作,发展西瓜生产,对于增加农民收入,丰富城乡水果市场均具有重要意义。

二、生物学特性

(一)植物学特征

1. 根。西瓜根深而广,主根入土可深达1米以上,自主根基部发出的几条主要侧根,水平生长可达4~6米。但主要根群分布在地面以下10~30厘米的土层内。西瓜根系再生能力弱,一般宜直播或营养钵育苗移栽。

2. 茎。茎匍匐蔓生,近圆形具棱,密被茸毛。主蔓长可达3米以上,分枝性强,主蔓叶腋能抽生子蔓,子蔓叶腋抽生孙蔓,故蔓叶繁盛,茎上有分歧的卷须,节上可产生不定根。

3. 叶。单叶互生,成羽状深裂,一般五裂或七裂,叶色浓绿,叶面具有白色蜡质和茸毛。

4. 花。花较小,黄色,单生,雌雄同株异花,为虫媒花,通常先发生雌花,早熟品种主蔓7~9节,晚熟品种13~15节发生雌花,以后每隔5~7节发生雌花一朵。子蔓雌花发生节位较低。西瓜的花晴天在早晨4~6时开放,24小时完成受精作用。

5. 果。果实为瓠瓜,其形状、皮色、瓤肉依品种而异。皮色变化很多,基本上可分为绿、白、深绿、黑皮和花皮几种；果形以圆形、椭圆形两类居多；瓜瓤色泽主要有红、黄、白三类。果实大小受栽培环境影响较大，大致可分为小果型、中果型、大果型和特大果型四类，果肉折光糖含量为8%~12%。

6. 种子。种子椭圆形而扁平，大小因品种而异，千粒重30~100克。种子发芽年限因贮藏条件而异，一般可贮藏5年，但生产上多用1~2年的种子。

(二) 环境条件

1. 温度。西瓜喜高温，耐热力强，极不耐寒。种子发芽适温25℃~30℃，最高温度为35℃。植株生长的温度范围为20℃~40℃，最适温度为24℃~35℃。果实膨大与成熟以30℃较理想，并要求较大的昼夜温差（8℃~14℃），有利于糖分的积累。

2. 光照。西瓜生长发育要求充足的阳光，光照强，植株生长健壮，果实品质好。阴雨天多，日照时间短，阳光不足，植株生长慢，不能及时坐果，结瓜迟，品质差。

3. 水分。西瓜是耐旱作物，具有一系列的耐旱生态特征和强大的根系。西瓜要求空气干燥，空气相对湿度以50%~60%最为适宜，但同时又是需水较多的作物，一株西瓜在整个生育期间约消耗水分200千克左右。西瓜极不耐涝，一旦水淹土壤，就会全株窒息而死。

4. 土壤营养。西瓜对土壤的适应性较广，沙土、壤土、黏土均可栽培，但最适宜的是河岸冲积土和耕作层较深的砂壤土。砂壤土通透性好，有利其根系的生长发育，同时白天吸热力强，晚上放热快，昼夜温差大有利于营养物质的积累。西瓜对土壤酸度的适应性广，在 pH 值 5～7.5 的范围内生育正常，以 pH 值 6.3 为最宜。西瓜生长发育要求氮磷钾全面肥料，在总吸收量中，以钾最多，氮次之，磷最少，氮磷钾的比例为 3.28:1:4.33。磷的吸收量虽不多，但非常重要。磷钾对碳水化合物特别是糖类的形成、运输和贮存有促进作用。实践证明偏施氮肥，果实味淡，风味不佳；增施磷钾肥尤其含磷钾较高的饼肥，能提高西瓜的含糖量，改善风味和品质。

三、类型与良种

(一) 类型

栽培西瓜可分为果用和籽用两大类。果用西瓜是普遍栽培的主要类型，占栽培品种的绝大部分。果用西瓜的分类方法很多，依果型大小分有小型（2.5 千克以上）、中型（2.5～5.0 千克）、大型（5.5～10.0 千克）和特大型（10 千克以上）四类；依果形分有圆形、椭圆形和枕形；依瓤色分有红、白、黄等。而以生态型分类方法在栽培上更为适宜，根据我国现有西瓜品种资源可分为四种生态型。

1. 华北生态型。主要分布在华北温暖半干旱栽培区（山东、山西、河南、河北、陕西及苏北、皖北地区），是我国特有生态型。果实以大型、特大型为主。果实成熟较早，瓤肉松软沙质易倒瓤。

2. 华东生态型。主要分布在中部温暖湿润栽培区（长江中下游及四川、贵州等地）和东北温寒半湿栽培区（东北三省及冀北地区），也是我国的特有生态型。果实以中小型为主。

3. 西北生态型。主要分布在西北干旱栽培区（甘肃、宁夏、内蒙古、青海和新疆等地）。果实以大果型为主，生长旺盛，坐果节位高，生育期长，极不耐湿。

4. 华南生态型。主要分布于南方高温多湿栽培区（广西、广东、台湾、福建等地）。果实以大、中型为主，生长旺盛，耐湿性强，生育期也较长。

（二）良种

1. 西农九号。大果型，中熟种。生长健壮，高抗枯萎病，耐重茬。坐果性好，果形椭圆，果皮具深绿色条带，外观美，果肉红色，质脆细嫩，甜度高，梯度小，中心含糖 11.5 度左右。果皮坚韧耐贮运。单果重 8 千克左右，大者达 16 千克，每 666.7 平方米产量 5000 千克左右。

2. 大果密桂。中熟品种，全生育期 95 天，是湖南省最普及的有籽西瓜杂交一代组合。抗性强，每 666.7 平方米产量 4000~5000 千克。果实椭圆形，果皮青绿色。单瓜重 8 千克，耐贮运，瓤红色，质脆味甜，中心可溶性固形物含量 11%。

3. 湘西瓜 9 号。植株生长势强，果实椭圆形，皮色淡带绿网纹。单果重 9 千克，最大 16 千克。肉质脆甜，中心含糖 12 度左右，果肉鲜红，不易空心。抗炭疽病，蔓枯病，容易坐果。全生育期约 95 天，中熟品种，每 666.7 平方米产量 4000~5000 千克。

4. 雪峰无籽 304。中熟品种，全生育期约 95 天。生长势较强，抗病耐湿。果实球形，果皮黑色暗条纹，肉质清爽，无籽性能好，中心含糖 12 度。单果重 7.5 千克，一般每 666.7 平方米产量 4000 千克。

5. 雪峰花皮无籽。植株生长势强，抗病耐湿，易坐果，每株一般可坐 2 个瓜。单瓜重 10 千克，最大可达 20 千克，中心含糖 14 度，皮薄且硬，耐贮运。无籽性能极佳，栽培适应性广，每 666.7 平方米产量可达 5000 千克。

6. 雪峰蜜红无籽（湘西瓜 14 号）。湖南省瓜类研究所最新育成的无籽西瓜新组合。果实高球形，果表具美观漂亮的虎纹，皮薄且硬，耐贮运。瓤色鲜红，肉质细嫩。中心含糖 12~14 度，无籽性能好，坐果率高，单果重 5~6 千克。生长势中等，抗病耐湿性强。全生育期 92 天左右，属中熟偏早品种。

7. 雪峰蜜黄无籽。湖南省瓜类研究所最新育成的无籽西瓜新组合。果肉金黄色，肉质细嫩，口感好，中心含糖 12~13 度。果实高球形，外表美观漂亮，果皮具有漂亮的虎纹，长势中等，抗病耐湿，适应性广。全生育期

92天左右,属中熟偏早品种。

8. 洞庭1号。岳阳市农业科学研究所选育的红瓤无籽西瓜新组合。中晚熟,大果型,抗性强,产量高,品质佳,商品性好。获湖南省科技进步二等奖,湖南省首届农博会金奖。1996年通过湖南省品种审定委员会审定,命名为"湘西瓜11号"。全生育期105天。果实圆球形,果皮墨绿,果肉鲜红,可溶性固形物含量12%。平均单瓜重5~7千克,每666.7平方米产量3500千克。

9. 洞庭3号。岳阳市农业科学研究所选育的黄瓤无籽西瓜新组合。中熟品种,全生育期103天,果皮墨绿,瓜瓤鲜黄,质脆爽口,中心可溶性固形物含量12%左右。单瓜重5~7千克,每666.7平方米产量3500千克。

10. 洞庭7号。岳阳市农业科学研究所选育的小果型黄瓤无籽西瓜新组合。早熟,特适于大棚栽培。全生育期95天,果肉鲜黄,质地沙脆,可溶性固形物含量13%。单瓜重2千克。

11. 洞庭4号。岳阳市农业科学研究所选育的礼品西瓜新组合。中晚熟,抗性好,易坐果,个大,产量高。黄皮红肉,外观美,礼品佳果。

12. 小玉红无籽。湖南省瓜类研究所繁育,属早熟小果型无籽西瓜品种。生长势中等,抗病耐湿。皮青绿细条带,果皮特薄,中心含糖13度,无籽性能好,品质极佳。单瓜重1.5~2.0千克,一株可结果2~3个,每666.7平方米产量 2000~2500 千克，全生育期 85 天左右。

13. 黄小玉。湖南省瓜类研究所繁育，为极早熟黄瓤小果型礼品西瓜品种。果实高圆形，单果重 2~2.5 千克。生长势适中，坐果性极强，适于温室、大棚早熟栽培和秋延后栽培。果肉浓黄色，肉质脆沙，中心糖含量高达 12~13 度，口感风味极佳。果皮浓绿色，具漂亮条纹，果皮厚 3 毫米，且富弹性，耐贮运。

四、栽培技术

（一）春提早栽培

1. 栽培方式的选择。大果型品种宜选爬地栽培，小果型品种以搭架栽培为好。

2. 品种选择。适宜春提早西瓜栽培的大果型品种有雪峰蜜红无籽、雪峰蜜黄无籽、洞庭 1 号无籽、洞庭 3 号无籽、西农九号、红大等品种；小果型品种有黄小玉、小玉红无籽、红小玉、洞庭 7 号、洞庭 4 号等。

3. 播种育苗。春提早栽培西瓜的适宜播种期应在 2 月中、下旬，在大棚内采用电热温床育苗。每 666.7 平方米大田的用种量依品种和栽培方式而异，一般爬地栽培无籽西瓜需种子 100~150 克；爬地栽培有籽西瓜需种子 50~75 克；搭架栽培小果型西瓜需种子 100 克左右。西瓜种子的种壳较厚，播种前应先浸种催芽，浸种时间较西葫芦长，4~5 小时即可。有籽西瓜种子催芽温度为 30℃~33℃，而无籽西瓜种子需在高温下（36℃~37℃）

催芽。无籽西瓜种子由于种胚发育不充实,种皮较厚,以致出芽较困难,应在催芽前进行破壳处理,浸种后人工用牙齿轻轻磕咬种子的嘴部,听到响声即可,表明萌发孔已纵向裂开少许。牙齿切不可用力过猛,否则会损伤种胚,反而影响发芽。当西瓜种子催芽至2/3的种子开口露白时即可播种,其播种育苗过程与管理方法可参照西葫芦执行。爬地栽培每666.7平方米应备足600~700株苗,搭架栽培每666.7平方米应备足1800~2000株苗,栽培无籽西瓜时,还应配备少量有籽西瓜作授粉株,两者的比例为5:1,播种育苗前应加以考虑。

4. 整地施肥。于前作收获后土壤翻耕前每666.7平方米撒施生石灰100千克进行土壤消毒。土壤翻耕后每666.7平方米准备腐熟人畜粪3000千克,饼肥150千克,三元复合肥50~75千克。搭架栽培可采用全层撒施,与土壤混合均匀;爬地栽培可先沟施一半肥料作基肥,预留一半作倒蔓窖肥。整地作畦大小要依栽培方式而异。搭架栽培畦宽1米,沟宽0.5米,沟深0.3~0.5米(畦沟深0.3米,腰沟深0.4米,围沟深0.5米),并全畦覆盖好地膜;爬地栽培畦宽3米,沟宽0.5米,沟深0.3~0.5米并沿栽培垄(0.4米宽)覆盖好地膜。此项工作应在定植前10天完成。

5. 及早定植、合理密植。当西瓜幼苗长至三叶一心时即可定植,一般在3月下旬抢晴天定植。定植密度依栽培方式而异，爬地栽培每畦定植2行，株距60厘米，每666.7平方米定植600株左右；搭架栽培每畦定植2行，株距50厘米，每666.7平方米定植1800株左右。栽培无籽西瓜时，应每隔5株定植一株有籽西瓜幼苗，以利授粉刺激果实膨大。定植后用甲基托布津液500~600倍或代森锰锌液800倍液压蔸，并用土杂肥封严定植孔。

6. 田间管理

（1）前期拱棚覆盖保温　定植后立即用小拱膜覆盖。定植后一周密闭小拱棚，促进缓苗。4月中旬以前视天气和棚温状况进行揭盖管理，阴雨天气以保温为主；晴天中午加强揭膜通风，防止高温烧苗，保证高温不超过30℃，低温不下15℃

（2）及时拆棚　4月中旬以后，植株已倒蔓，露地气温已适宜西瓜的生长，可拆除小拱棚以利引蔓和搭架。

（3）窖肥引蔓或搭架引蔓　爬地栽培西瓜倒蔓后，应在垄内侧开沟窖施一次倒蔓肥，以促进蔓叶生长。窖肥前先将西瓜蔓调头引到畦外侧，以便开沟，窖肥后再将蔓复原引向栽培畦的另一边。搭架栽培西瓜倒蔓后，应及时在畦的两边插上竹竿，每隔25厘米插一根，然后搭成人字架，引蔓上架。

（4）整枝压蔓或缚蔓　西瓜的分枝性强，应进行整枝打蔓，以利养分集中供应到主侧蔓和果实中。一般采用双蔓整枝为多，除留主蔓外，保留1个健壮侧蔓，即双蔓一瓜，其余侧枝要及时剪除。爬地栽培在整枝打蔓的同时，要注意引蔓和压蔓。引蔓是为了使蔓叶在畦面上分布均匀，不至于重叠而影响通风透光；压蔓是为了固定植株，以免大风吹动，同时压蔓处可产生不定根，增加植株对土壤水分与养分的吸收。南方多雨地区压蔓一般采用明压法，即不挖坑。直接用土坨压在蔓的茎节上，每隔5~6节压一处。搭架栽培的整枝方式与爬地栽培一样，但要经常引蔓与缚蔓，引蔓一般将主蔓引向就近的竹竿，侧蔓引向相邻的竹竿，即一株双蔓双竿。在引蔓的同时，要进行缚蔓，每隔数节缚一次蔓，一直缚到架顶。缚蔓一般在下午进行为宜。

（5）人工保果、适位坐瓜　西瓜的第一雌花一般出现在10~12节，如此时坐瓜，果实不大，不利于高产，应摘除第一雌花，选留第二雌花坐果为宜。如开花期遇到阴雨天气，一般难以坐果，可进行人工授粉或激素保果，人工授粉应在上午9时以前进行，激素保果可在下午用50倍的高效坐果灵涂抹果柄。

（6）重施壮果肥　西瓜坐果以后，由于养分转向果实，植株已无徒长的危险，应及时重施壮果肥2次，每次每666.7平方米追施腐熟人畜粪1000千克。

（7）翻瓜与垫瓜或吊瓜摘顶　爬地栽培西瓜，由于果实着地面不见阳光，瓜皮黄白色，着色不匀，不仅影响果实外观，而且内部组织坚硬，甜度低。为使果实均匀发育，从果实直径15厘米时起，每隔5天翻瓜一次，共翻3~4次。翻瓜宜在晴天下午进行，以免把果柄翻断。在第一次翻瓜时，可在地面垫上杂草，防止地面温度过高烫坏果实。搭架栽培西瓜，当果重达500克以上时，应在下午进行吊瓜，以防果实增重时突然堕落于地面，损坏果实。当西瓜果实坐稳后保留6~8片叶摘顶，以便集中养分供应到果实中，同时使功能叶增大增厚，延长功能期。

（8）病虫害防治　春提早栽培西瓜的主要病害有枯萎病、炭疽病等。前者可用500~600倍的代森锌淋蔸，结合壮果肥进行；后者可用甲基托布津、多菌灵叶面喷雾，每隔7~10天喷一次，尤其注意抓住雨后初晴喷药。主要的虫害有蚜虫、黄守瓜等，参照有关瓜类作物防治。

7. 适时采收。一般果实达八成熟就可采收上市，大型西瓜开花后25~30天采收。采收过早或过迟均影响品质，但同期栽培的西瓜往往开花结果不一致，很难做到同时一批采收，可结合下列几方面进行田间鉴定，以决定采与留。①与果实同节的卷须上部变黄或枯萎；②梗洼或果脐部分凹陷；③果面出现蜡粉，或贴地面处果皮变黄；④用手指弹或用手轻轻拍击发出浊音。

（二）秋延后栽培要点

1. 栽培方式与品种选择。秋延后栽培宜采用搭架栽培，品种以小果型品种为好，具体品种的选用请参照春提早栽培。

2. 适期播种育苗。湖南省西瓜秋延后露地栽培的适宜播种期为7月上、中旬，国庆节前后上市；秋延后大棚栽培的适宜播种期为7月底，可延至10月底、11月初上市。如果播种过迟，往往因积温不够而果实不易成熟。7月份正值湖南省高温干旱季节，日照强烈，宜采用遮阳网覆盖与营养钵育苗。种子催芽后直播营养钵中，每钵播种子1粒，15~20天成苗移栽。

3. 整地施肥。整地施肥可参照春提早搭架栽培进行，但覆盖地膜宜采用银黑双面膜。

4. 适期定植、合理密植。当西瓜幼苗长至3~4叶一心时，苗龄15~20天即可定植。定植应在傍晚时进行，定植密度与方法参照西瓜春提早搭架栽培。

5. 田间管理。田间管理要点基本同春提早搭架栽培，不同的是春提早栽培前期以闭棚保温为主；而秋延后栽培前期以遮阳降温为主，后期以扣棚保温防寒为主。一般大棚延后栽培在9月底就可盖棚。生长期间要特别注重防治病虫害，秋季气温高，病毒病发生严重。

第五节 甜 瓜

一、经济价值

甜瓜起源于非洲、中亚大陆性气候区及东亚温暖潮湿地区。在我国至少有两千多年的栽培历史，从北至南,广泛种植,并逐步形成了一些著名的产区,如新疆的哈密瓜、甘肃的白兰瓜、山东的银瓜、江南的梨瓜闻名全国。

甜瓜的果实爽甜可口,香甜浓郁,是人们喜爱的盛夏消凉解暑的重要果品之一,并含有大量的糖分、维生素、有机酸及矿物质。每 100 克鲜果中含碳水化合物 6.7 克,粗纤维 0.4 克,蛋白质 0.7 克,灰分 0.6 克,钙 27 毫克,磷 2 毫克,铁 0.4 毫克,维生素 B_1 0.06 毫克,维生素 B_2 0.02 毫克,胡萝卜素 0.25 毫克,尼克酸 1.1 毫克。此外,甜瓜性味甘、寒、滑,具有止渴、除烦热、利小便之功效。甜瓜蒂含有的苦瓜毒素具有催吐、下水及退黄(疸)之功效。民间常用甜瓜治疗贫血、肾脏病和肝炎等。甜瓜籽含有 27% 的脂肪酸,5.28% 的球蛋白与谷蛋白及树脂、树胶等,具有清肺润肠、止渴、降血压和软化血管的作用,还可以排除结石,治疗便秘、脓疮和咳嗽。可见甜瓜具有较高的食疗价值。

随着人民生活水平的提高,市场对甜瓜的需求不断增加,消费者不仅要求保障供应,而且要求品质优良,风味芳香,四季常鲜。目前我国甜瓜栽培面积已达 14 万公顷,居世界第一位,实现社会效益 100 多亿元,尤其是厚皮甜瓜"东移"、"南移"栽培方法的研究成功,使全国出现了许多甜瓜主产区、种植专业户、专业村,形成了产销一条龙,为农村经济的发展带来了生机。

二、生物学特性

（一）植物学特征

1. 根。甜瓜的根属直根系，由主根（垂直根）、侧根（水平根）和根毛组成。其根系发达，仅次于南瓜和西瓜。主根入土深达1.5米左右，其横向生长比纵向生长大得多，侧根横展半径可达2~3米，但其主要根群集中分布在地下15~25厘米耕作层内。

2. 茎。甜瓜的茎为蔓性，中空有棱并具有短刚毛，茎蔓节间有不分叉的卷须，可攀缘生长。节间较短，每节除着生叶柄外，还在叶腋着生腋芽、卷须和雌雄花。分枝力强，每节都发生侧枝，主蔓上生子蔓，子蔓上再生孙蔓。主蔓的生长势依其类型而异，薄皮甜瓜的生长势较强，厚皮甜瓜的生长势较弱。

3. 叶。单叶互生，多呈钝五角形、心脏形或近圆形，叶缘锯齿状、波状或全缘。叶色浓绿，正反面均有茸毛，叶背面叶脉上有短刚毛。

4. 花。雌雄同株异花，雄花是单性花，雌花多数是两性花。花冠黄色，钟状分裂，花瓣卵状短圆形。雌花大多单生在子蔓或孙蔓的叶腋内，雄花常多数簇生，同一叶腋的雄花次第开放。雌花花柱极短，深藏在花冠筒内，3柱头，基部靠合。柱头外着生3个雄蕊，其位置低于柱头，尽管有正常的花粉，但若无昆虫传粉，仍不能自花结实。子房下位，长椭圆形、圆形或纺锤形，子房外被茸毛。甜瓜的花粉沉重而黏滞，必须依靠昆虫传粉，是典型的虫媒花，花冠内有蜜腺。

5. 果实。果实为瓠果，侧膜胎座，3～5心室，由受精后的子房发育而成。果实光滑或具网纹、花纹。果实大小因类型、品种而异，一般薄皮甜瓜果实较小，厚皮甜瓜果实较大。果肉折光糖含量为10%～16%。

6. 种子。甜瓜一果多胚，通常一个瓜中有300～500粒种子。种子扁平，窄卵圆形，为黄白色。千粒重20～60克。

（二）环境条件

1. 温度。甜瓜是喜温耐热作物，对温度要求较高。整个生育期最适温度为25℃～36℃；种子发芽适温为28℃～32℃；幼苗生长适温为20℃～25℃；果实发育最适温度为30℃～35℃；甜瓜对低温敏感，当温度降至13℃时生长停滞，10℃时完全停止，8℃以下发生冷害，并出现叶肉退绿变色，遇霜即死。甜瓜对高温的适应力较强，35℃时生育良好，甚至在40℃的高温条件下光合作用基本不下降。较大的昼夜温差有利于同化物质的积累，糖度高，品质好，产量高。

2. 光照。甜瓜是喜光作物。在阳光充足的条件下植株生长健壮，结瓜多，品质好且可减少病害发生；阳光不足，植株生长瘦弱，只开花不结果，或同化物少，果实的产量低，品质差。甜瓜的光补偿点为4200米烛光，光饱和点为5.5万米烛光。甜瓜对日照长度反应虽不敏感,但短日照条件下可促使雌花形成。

3. 水分。甜瓜对土壤湿度的适应能力较强,既比较耐旱,又比较耐湿,但长期生长在高湿情况下,果实含糖量降低,且易发生病害。土壤水分供应要及时,切勿变幅过大而引起裂果。甜瓜喜空气干燥,尤其是厚皮甜瓜更要求较低的空气相对湿度,一般在50%~60%之间,空气湿度过大,容易发生蔓枯病。

4. 土壤营养。甜瓜根系健壮,吸收能力强,对土壤适应性广,较耐瘠薄。但优质高产栽培以在通透性能良好的冲积沙土和砂壤土上种植为宜。甜瓜对氮、磷、钾三要素的吸收比例以2:1:3.7。适当增施钾肥,可增产7%~8%,折光含糖量提高0.1%~1.7%,并可减轻田间蔓枯病发病率8.1%~17.3%。生产上主要以农家肥与化肥配合施用,施用化肥时提倡施用三元复合肥,果菜专用肥,磷酸二氢铵等。在进入果实膨大期后,要避免施用速效肥,以免果实含糖量降低。甜瓜对土壤酸碱度适应的范围为pH值6~6.8。

三、类型与良种

(一) 类型

甜瓜的栽培品种按生态系统分类可分为薄皮甜瓜与厚皮甜瓜两大生态类型。

1. 薄皮甜瓜类型。属东亚生态型,原产中国,适于温暖湿润气候，抗病性较强，适应范围广，中国各地都有种植，但以黄淮流域，长江中游以及东北松辽平原一带栽培最广。此类型植株较矮小，生长势中等，叶色深绿，叶片、花、果实、种子均比较小，果皮软薄易裂，不耐贮运，果肉较薄，均具芳香味。其瓜瓤和附近汁液极甜，可以连皮带瓤一起食用。

2. 厚皮甜瓜类型。属中非生态型，原产非洲，适于高温干燥气候，极不耐湿，要求有较大的昼夜温差和充足光照，抗病性较弱，适应范围窄，在中国只适于新疆、甘肃一带干燥少雨的典型大陆性气候内露地种植。目前"东移"或"南移"虽已引种成功但仅限于保护设施内。此类型植株生长旺盛，茎蔓较粗，叶色较浅，叶片、花、果实、种子均比较大。果皮厚硬不宜食，较耐贮运，肉厚在2厘米以上，瓜瓤无味不可食。

（二）良种

1. 华南108。早中熟，属薄皮甜瓜类型。侧蔓2~3节着生雌花，果实近圆形，直径约12厘米，表皮浅黄色，肉质疏松，水分适度，含糖度14左右，单瓜重约500克，每666.7平方米产量2500~3000千克。

2. 东湖一号。湖南农业大学园艺系蔬菜教研室选育的早熟优质薄皮甜瓜品种。果实卵圆形，单瓜重400~500克，果皮黄绿色，上被有金黄粉末，果肉白色，含糖高达15~16度，质脆味甜，芳香可口，品质极佳。

3. 白沙蜜。薄皮甜瓜中熟品种。果实高圆形,皮乳白色略带黄,单瓜重500克左右,果肉白色,质脆多汁味甜,折光糖12%~14%。全生长期85天左右,果实发育期30天左右,每666.7平方米产量2500千克以上。

4. 运蜜一号。早熟高产,果实近圆形,成熟时果皮黄色,光滑有光泽,果肉白绿色,肉厚,质细而脆,香味适中,极甜,含糖量16%~18%,单瓜重400~500克。早熟种,生育期70天,开花至成熟上市31~33天。每666.7平方米产量2000~2500千克。

5. 青玉甜瓜。早熟薄皮品种。开花后35天左右成熟,果重400~500克,果实为圆球形,果绿白色,成熟时由绿变黄,果肉绿白色,香甜可口,品质极佳。每666.7平方米产量2000千克左右。

6. 博大金如意。山西太谷博大种苗有限公司繁育,极早熟,坐果至成熟23天。果实扁圆形,果皮成熟时黄绿色,绿肉,单瓜重1千克左右,味甜质脆,含糖13%左右,主蔓、子蔓均可结瓜,抗病,适应性广,每666.7平方米产量3000千克左右。

7. 新甜瓜。日本原装进口球形薄皮甜瓜。植株生长势强,抗白粉病、蔓枯病,果皮呈淡绿色,果肉呈白色,质软,肉甜香味浓,糖度平均为13以上,耐贮运性好。

8. 天子。日本原产进口厚皮甜瓜。早熟品种,生长势中等,耐病力强,果实成熟期为38天左右,果实球形,单瓜重0.7~1.0千克，果皮花白色，成熟时略带黄色，便于收获时识别，果肉粉红色，糖度18~20度，肉厚3.5~4.0厘米，耐贮运。适合多湿地区温室、大棚春早提、秋延后栽培。

9. 伊丽莎白甜瓜。为日本引进的极早熟厚皮甜瓜品种。全生长期100~110天，从授粉到果实成熟约30天，生长势中等，掌状叶，果实属于黄皮白肉类型，皮色金黄，具蜡质，有光泽。果实圆正，果肉厚而多汁，折光糖13%以上，单瓜重0.5~0.8千克，每666.7平方米产量2500千克，对枯萎病、白粉病的抗病性较强。

10. 玉金香。河北廊坊市瓜类研究所繁育的厚皮甜瓜新品种，果实为球形，近成熟时玉白色，商品成熟时有金黄色晕彩，香味浓郁，果肉白色，单果重约1千克，单株坐果2个，每666.7平方米产量2000~3000千克。中熟，全生育期95天，坐果至成熟42天，折光糖16%，肉质水足，品质极优。抗病性和生态适应性好，在华北地区可露地栽培，东北、华南地区保护地栽培有良好效果。

四、栽培技术

（一）薄皮甜瓜露地春提早栽培

1. 品种选择。应选择早熟、质优、耐湿、抗病的优良品种。适合湖南种植的优良薄皮甜瓜品种有：青玉、东湖一号、白莎蜜、运蜜一号、博大金如意等。

2. 播种育苗。露地薄皮甜瓜春提早栽培的适宜播种期为 2 月中、下旬，在大棚内采用电热温床育苗，每 666.7 平方米大田用种量为 60~80 克。薄皮甜瓜的播种育苗过程与秧苗管理方法可参照黄瓜育苗进行，不同的是每钵一苗，待幼苗长至三叶一心时移栽。

3. 整地施肥。于前作收获后土壤翻耕前，每 666.7 平方米撒施生石灰 100 千克进行土壤消毒，土壤翻耕后，每 666.7 平方米大田全层撒施饼肥 100 千克、三元复合肥 50 千克，与土壤混合均匀，然后整地作畦，畦宽 1.6 米，沟宽 0.5 米，沟深 0.3~0.5 米（畦沟深 0.3 米，腰沟深 0.4 米，围沟深 0.5 米），并沿栽培垄（垄宽 0.4 米）开沟窖施腐熟人畜粪，每 666.7 平方米用量 2000 千克。整地窖肥后立即用地膜覆盖栽培垄。此项工作应在甜瓜定植前 10 天完成。

4. 及早定植、合理密植。当甜瓜幼苗长至三叶一心时即可定植，一般在 3 月下旬抢晴天定植。定植密度为每 666.7 平方米 1200 株左右，即每畦栽 2 行，株距 50 厘米。定植后用甲基托布津 500~600 倍液或代森锌 800 倍液压蔸，并用土杂肥封严定植孔。

5. 田间管理

（1）前期覆盖拱膜保温防寒　定植当天立即用小拱棚沿栽培行覆盖，加强保温防寒，促进缓苗。4 月中旬以前视天气与棚温状况进行揭盖管理，阴雨天气以保温为主，晴天中午加强揭膜通风，防止高温烧苗，棚温最好维持20℃～30℃之间，最低温度不低于15℃。

（2）及时拆棚　4月中旬以后，露地气温正适宜甜瓜的生长，应及时拆除小拱棚，以利植株抽蔓。

（3）摘心整蔓　薄皮甜瓜以子、孙蔓结瓜为主，应适时摘心促发侧蔓、孙蔓，以提早结瓜。一般在主蔓长出5叶时摘心，选留4个侧蔓，侧蔓长出4～5叶再次摘心，促发孙蔓。孙蔓在1～2节处形成雌花并坐果。以后放任生长，不再整枝，但要注意整理蔓叶，使之在畦面上均匀分布。

（4）铺草　铺草的目的是为了保持畦面土壤疏松，抑制杂草生长并防止果实接触地面造成腐烂。铺用的草料以麦秸、丝茅最好。

（5）人工授粉与激素保果　甜瓜开花期如遇阴雨天气，昆虫活动少，坐果率不高，必须进行人工辅助授粉，每天早晨7～10时采摘雄花，去掉花冠，将花粉涂抹于正在开放的雌花柱头上。或于每天下午用50倍的高效坐瓜灵均匀涂抹于雌花果柄上。

（6）追膨果肥　当甜瓜果实坐稳后，应破膜追肥2次，每次每666.7平方米用2～3成腐熟人畜粪1500千克加三元复合肥7.5千克浇施。

（7）病虫害防治　甜瓜春提早栽培的主要病害是枯萎病、霜霉病和细菌性角斑病。枯萎病可用代森锌800倍液结合追肥灌蔸防治；霜霉病可用疫霜灵喷雾防治；细菌性角斑病可用农用链霉素防治。一般连喷2次。主要虫害有蚜虫、黄守瓜，可分别用敌蚜螨、敌百虫喷雾防治。

6. 适时采收　甜瓜果实的成熟度从熟性、皮色、香味等方面进行判断。薄皮甜瓜雌花开放至瓜成熟一般为25~30天，因开花和果实形成期间的温度、日照条件而稍有变化，一般成熟果皮色为黄色或橘黄色，并发出浓郁的香味。甜瓜的采收可根据销售距离的远近来定，当地销售，一般在9~10成熟时采收，长途运销时，应在8成熟时采收。

(二) 厚皮甜瓜大棚春提早栽培

1. 品种选择。应选择质优、耐湿、抗蔓枯病的优良品种。适合湖南省种植的优良厚皮甜瓜品种有天子、玉金香、伊丽莎白等。

2. 播种育苗。厚皮甜瓜大棚春提早栽培的适宜播种期为2月中旬。在大棚内铺设电热温床育苗，使苗床温度保持在28℃左右。播种前用55℃~60℃的温水烫种10~15分钟，然后在室温下浸泡3~4小时，洗净后在28℃~32℃条件下催芽17~20小时，待种子露芽即可播种。每666.7平方米大田约需种子80~100克

播种一定要在充分消毒的床土上进行，或播在沙中。播后采用地膜加小拱棚覆盖，保持床温30℃左右，约3~4天即可拱土，幼苗拱土时揭开地膜，次日即可齐苗。出苗后夜间要在小拱棚上加盖草苫保温，白天揭去草苫，使

幼苗见光绿化,待子叶展开后分苗于排放电热线上的营养钵中,保持床温白天25℃~30℃,夜晚15℃~18℃,发根后适当降温。2~3片真叶时,育苗钵再移稀一次。苗龄30~35天。具3~4片真叶时,即可定植。

3. 整地施肥。于前作收获后土壤翻耕前,每666.7平方米撒施生石灰100千克进行土壤消毒。土壤翻耕后,每666.7平方米全层撒施腐熟人畜粪3000千克、饼肥150千克、三元复合肥75千克并与土壤混合均匀,然后整地作畦。30米×6米标准大棚作畦4块,畦宽1米,沟宽0.5米,沟深0.3米,并全畦覆盖好地膜。此项工作在定植前i0天完成。

4. 及早定植,合理密植。当厚皮甜瓜幼苗长至3~4叶一心时即可定植,一般在3月中、下旬抢晴天定植,每畦定植2行,株距55厘米,每666.7平方米定植1600株左右。定植后用甲基托布津500~600倍液或代森锌800倍液压蔸,随后用土杂肥封严定植孔。

5. 田间管理

(1) 棚内温度与湿度控制　4月中旬以前以闭棚保温为主,控制棚温白天22℃~32℃,夜间15℃~20℃,以促进幼苗快速生长。晴天中午前后适当揭膜放风,防止高温烧苗。4月中旬以后,露地气温已适合厚皮甜瓜的生长,只要天气晴朗,就要卷膜进行大通风,以利通风透光与降温,整个生育期棚膜不拆除,一旦下雨,立即放下棚膜防雨避雨。天晴时，又将棚膜上卷放风，如不进行防雨栽培，厚皮甜瓜很容易发生蔓枯病而造成绝收。

（2）搭架整枝　大棚厚皮甜瓜春提早栽培以立式栽培或吊蔓栽培为好。当幼苗长至20厘米，发生卷须时，要插杆立架或用尼龙绳将蔓悬吊诱引，使植株向上直立生长，同时每隔3~4节要进行缚蔓，缚蔓以晴天下午进行为宜，以免主蔓折断。立架栽培或吊蔓栽培的整枝方式以单蔓整枝为多。即保留主蔓，主蔓上12节以下发生的侧蔓全部摘除，留12~15节所发生子蔓作结果蔓，坐果后15节以上发生的子蔓同样摘除，主蔓长至25~30叶时断顶。摘除子蔓的工作必须在晴天进行，雨天湿度大，易造成伤口感染诱发蔓枯病。摘除侧蔓时，不能用手掰，必须用剪刀剪除。并留一定长度侧枝作防护，整枝造成的伤口最好醮上较浓的甲基托布津溶液，预防病菌感染。

（3）药液涂抹　当厚皮甜瓜植株长至60~70厘米高时，应用较黏稠的甲基托布津溶液涂抹茎基，进行防护。因茎基贴近地面，此处空气湿度大，蔓枯病容易侵入。当茎节上出现少量水渍状斑点（蔓枯病侵入引起），也可用同样方法进行防护。实践证明此项措施对蔓枯病的防护作用显著。

（4）授粉保果或激素保果　湖南春节低温多雨，昆虫活动少，为确保理想的坐果节位，当12~15节侧蔓上的雌花开放时，宜在上午7~9时进行人工授粉，或在下午4~6时用50倍的高效坐瓜灵均匀涂抹雌花果柄,要连续进行几天,以保证每株有3~4个果座住。

(5) 定瓜与吊瓜 当12~15节侧蔓的幼果似鸡蛋大小时进行疏果定瓜,选果形端正、膨大迅速的幼果留下,一般大果型品种留1个,小果型品种留2个为宜。当果实长至250克左右时,要及时进行吊瓜,以免瓜蔓折断和果实脱落。吊瓜可用软绳或塑料绳缚住瓜柄基部将侧枝吊起,使结果枝呈水平状态,然后将绳固定在大棚杆或支架上。

(6) 追膨果肥 参照薄皮甜瓜春提早栽培进行。

(7) 病虫防治 同薄皮甜瓜春提早栽培。

6. 适时采收、包装。薄皮甜瓜采收期是否适宜,直接影响果实的商品价值。采收过早,含糖量低,缺乏香甜味;采收过晚,果肉组织软绵,瓜瓤化解,糖分下降,商品性降低。适宜采收期应在糖分达到最高点,果实未变软时进行。具体采收时期可根据品种特性进行推算,一般早熟品种开花后40~45天,晚熟品种开花后50~60天,果实即可成熟。授粉时,可在吊牌上记载授粉日期,作为开花日期,以此计算果实成熟日期。

还可由果实形状来判断其成熟与否。色泽鲜艳的黄皮瓜果皮转黄色时,白皮瓜由白色带灰转为有光泽的乳白色,网纹瓜以网纹变清晰均匀时,果蒂部形成环状裂纹,软肉品种脐部开始变软,用手指轻轻按果皮可以感觉到有弹性，果实发出浓郁的香味时，就达到采收标准。

采收果实应在温度较低的清晨进行，收获时要保留瓜梗及瓜梗着生的一小段结果枝，用手托住瓜，用剪刀剪成"T"字形，果实上贴上标签，用塑料网套包装，单层纸箱装箱，纸箱上设计通风孔，内衬垫碎纸屑，切勿使果实在纸箱内晃动，封箱后即可上市。

(三) 甜瓜秋延后栽培技术关键

1. 适期播种。薄皮甜瓜秋延后露地栽培的适宜播种期应安排在7月上旬，力争9月份上市。如播种过迟，露地积温不够而难以成熟。厚皮甜瓜秋延后大棚栽培适宜播种期在7月中、下旬。若播种过早，容易发生病毒病；播种过迟，同样因积温不够难以成熟。

2. 适当密（稀）植。薄皮甜瓜秋季露地栽培由于前期气温高，光照足，植株生长虽快，但生长量较春夏季少，可加大定植密度，以提高总产量，厚皮甜瓜大棚栽培由于结果期光照减弱，应适当稀植，以利通风透光。

3. 加强防病、防虫、防雨。生长前期由于气温高、阳光烈容易发生病毒病，应连续喷药预防。对于厚皮甜瓜还要及早扣棚防雨（9月中旬），结合施药及早预防蔓枯病。秋季气温高，害虫世代发生多而杂，要及时查看虫情，及早将害虫杀灭在幼龄期。秋季危害甜瓜的主要害虫有蚜虫、瓜绢螟、斜纹夜蛾、甜菜夜蛾等。这些害虫在秋季高温下世代交替快，容易造成毁灭性危害。因此要注意查看虫情,及早喷药防治。建议防治蚜虫用敌蚜螨,防治其他害虫有除尽、米螨、农地乐等新农药。

6. 适时采收。掌握成熟度,适时采收,气温高时,开花后25～30天就可采收;气温低时,开花后30～35天采收。

第六节 丝 瓜

一、经济价值

丝瓜原产印度,6世纪初传入我国。在华南、华中、华东、西南诸省普遍栽培,是人们喜爱的夏季瓜果蔬菜之一。

丝瓜营养丰富,含有各种碳水化合物、矿物质及维生素,每100克鲜果肉中含蛋白质1.5克、碳水化合物4.5克、脂肪0.1克、维生素0.5克、钙28毫克、磷45毫克、铁0.8毫克、胡萝卜素0.32毫克、维生素B_1 0.04毫克、维生素B_2 0.06毫克、维生素C 8毫克、尼克酸0.5毫克。

丝瓜嫩果肉质细腻柔软,清甜爽口,除不宜生食外,有多种食用方法。可清炒,也可作肉、蛋、虾等的配菜,炒熘味道都很鲜美,还适合作汤菜,尤其是在酷暑季节用丝瓜作汤可去暑解毒。

丝瓜成熟果实纤维发达,可入药,称"丝瓜络",中国传统医学认为丝瓜络有调节月经,去湿治疗之功效。丝瓜络作为天然产品可代替海绵作洗涤用具,也可作造纸与人造丝的原料。科学研究还发现,从丝瓜茎蔓中提取的汁液具有美容去皱的特殊功效,可以开发成天然美容霜。

丝瓜产量高,供应期长,长江流域从5月下旬一直可采收到10月份,经济效益十分可观,是城郊菜农首选的高效蔬菜种类之一。

二、生物学特性

(一) 植物学特征

1. 根。根系发达,强健,再生能力强,侧根多,茎节发生不定根,主根入土可达1米以上,但主要根群分布在30厘米的耕作层中,吸收能力与抗旱能力都强。

2. 茎。茎蔓性,五棱,绿色,主蔓一般长4~6米,有的长达10米以上,分枝力极强,由主蔓发生侧蔓,侧蔓发生副侧蔓。从抽蔓开始各节可发生花芽和卷须。

3. 叶。叶片宽大,掌状或心脏形,深绿色,叶脉放射状。

4. 花。花单生,雌雄同株异花。雄花为总状无限花序,每花序最多可着生20朵花。雌花子房下位,花冠黄色。异花授粉,虫媒花。主蔓上雌花着生节位因品种而异,早熟品种在第10节左右出现第一雌花,晚熟品种在20节左右出现第一雌花。侧蔓上出现雌花多在5~6节,以后每节都有雌花发生,但成瓜比例较低。成瓜多少与栽培水平、坐果时的气候条件密切相关，肥水供应充足，合理植株调整，多晴少雨适温有利于多结果，且果形正，品质佳。

5. 果实。果实为瓠果，有棱或无。其形状因品种而异，有短圆柱形、棍棒形或长棍棒形。嫩果皮绿色或黄白色；老熟果为黄褐色，外表皮下形成强韧的纤维称丝瓜络。

6. 种子。种子近椭圆形、扁平，种皮革质、坚硬，黑色或灰黑色，普通丝瓜的种皮较薄、光滑有翅状边缘，每果含种子约100粒；有棱丝瓜的种皮粗糙，有花纹，每果含种子60~150粒。种子千粒重100~120克。

（二）环境条件

1. 温度。丝瓜属喜温耐热蔬菜。种子发芽适温25℃~28℃，30℃~35℃发芽迅速，但幼芽细弱，20℃以下则发芽缓慢。幼苗期能耐较低温度，18℃左右仍可正常生长，但10℃以下生长受抑制，甚至受冷害。开花早期生长适温25℃~30℃，30℃以上的可正常开花结果。

2. 光照。丝瓜属短日照性植物，短日照条件下发育快，雌花节位低，提早开花结果。因此在生产上适当早播，使丝瓜的发育初期处在较低温度和较短日照条件下，有利于早熟高产。丝瓜要求较强的日照条件，晴天多，日照充足，开花结果多，果形正，容易获得优质高产。

3. 水分。丝瓜在瓜类中是最耐潮湿的一种蔬菜，在雨季，即使受到雨涝和短时间水淹过后仍能正常生长和开花结果。丝瓜也耐潮湿的空气环境，在空气湿度大，土壤水分充足，日照较强的条件下，茎叶繁茂，结果多。所以，生产上多选择肥沃、湿润地块或塘边，水田边种植。在干旱环境下，果实纤维多。品质差。

4. 土壤营养。丝瓜对土壤的适应性广，各种土壤均可栽培，但以土层深厚，土质较疏松肥沃，水源方便的地块栽植最好。丝瓜耐肥，对土壤养分要求较高，特别是进入开花结果期以后，一边开花结果，一边进行旺盛的营养生长，必须供给大水大肥。水肥充足，叶肥蔓粗，果大，产量高；土壤养分不足，蔓叶瘦弱，果小，产量低，及时补充养分，能恢复生长和坐果。

三、类型与良种

(一) 类型

栽培丝瓜分普通丝瓜和有棱丝瓜两个栽培种。

1. 普通丝瓜。别名圆筒丝瓜、水瓜。植株生长势强，叶片掌状，3~7裂，裂深因品种而异。果实从短圆筒形至长棒形，表面粗糙，并有数条黑绿色纵纹，无棱。分布较广，我国南北均有栽培，但以长江流域和以北各省（区）栽培较多。其按果实的粗细和长短不同，又可分为两种类型：

(1) 短粗类型　瓜条较粗短，长约30厘米，横径6~9厘米，果面有皱纹或光滑，多为早熟品种。

（2）细长类型　瓜条长达 100~200 厘米，横径 3~6 厘米，又称线丝瓜，多为晚熟品种。

2. 有棱丝瓜。别名棱角丝瓜、胜瓜等。植株生长势比普通丝瓜弱，叶片掌状，5~7 裂。果实棒形或纺锤形，果面有明显的 9~11 条凸起的棱线。种子表皮较厚，粗糙有凸起。主要分布在广东、广西、福建、台湾等省。肉质脆，味甜。其按果实长短不同又可分为两种类型：

（1）长棱丝瓜　果实一般呈长棒形，长 30~70 厘米，果面有明显的棱线 8~10 条，果皮青绿色，无茸毛，肉质细嫩，清香味浓。

（2）短棱丝瓜　果实纺锤形，长 20~30 厘米，果皮有凸起棱线 6~8 条，表皮光滑，果肉纤维发达，易老化，品质较差，可收小嫩果食用。

（二）良种

1. 长沙肉丝瓜。长沙市地方品种。植株蔓生攀缘。叶浓绿色，掌状 5 裂或 7 裂。主蔓第 8~12 节开始出现第一雌花，属早熟品种，雌花率 50%~70%。果实短圆筒形，心室 3~4 个，果肉厚，果皮绿色，果面粗糙，上被蜡粉，有 10 条纵向深绿色条纹，单果重 0.5~1 千克。主侧蔓结果，喜温，耐热，不耐寒，盛夏遇北风易裂果，耐渍水，忌干旱，耐肥力强，适于近水源的土壤栽培，每 666.7 平方米产量 4000~5000 千克。

2. 株洲白丝瓜。株洲市农家品种。植株蔓生，生长势旺盛，分枝性强。主蔓长700～800厘米，8～12节着生第一雌花。叶片掌状五角形，果实长圆筒形，纵径40厘米，横径6.6厘米，浅绿白色，单瓜重0.75千克。中、晚熟，生育期200～220天。耐热、耐肥、耐渍，抗病性强。肉质细软，味甜，一般每666.7平方米产量4000～5000千克。

3. 元叶丝瓜。四川地方品种。极早熟，第一雌花着生于6～8节，株高300厘米，平均单株坐瓜7～10个，瓜长40～60厘米，横径4厘米左右，单瓜重约500克。耐热、耐肥，适应性广。一般每666.7平方米产量2500～3000千克。

4. 十叶早肉丝瓜。四川地方品种。极早熟，从播种至始收60天左右，10节左右出现第一雌花，雌花很密。株高2.4～4.0米，每株可采嫩瓜5～8条，瓜长30～40厘米，横径5～6厘米，单瓜重0.3～0.5千克，嫩瓜皮浅绿色，肉质肥厚柔嫩，纤维少，品质好。一般每666.7平方米产量2000～4000千克。

5. 咸宁早熟肉丝瓜。极早熟，从播种到初收约60天。植株蔓生，主蔓长9米，侧蔓长8米，孙蔓长35厘米。第一雌花着生于主蔓第6节，以主蔓结瓜为主，雌花率78%。叶掌状，果实短圆柱形，长36厘米，粗6厘米，果皮绿色，果面密生纵向深绿色线状突起和横向细小皱纹，皮薄披白霜。果肉绿白色，单果重450克，肉厚质嫩，纤维少，不易老化，品质优，商品性好。较耐寒、耐热、耐湿、耐肥，抗病。每666.7平方米产量3800~5500千克。

四、栽培技术

（一）品种选择

作大棚春提早栽培的丝瓜品种应选择耐寒性较强，第一雌花节位低，雌花率高，果实发育快，商品性极佳的早熟品种。湖南各地以选择长沙肉丝瓜、咸宁早熟肉丝瓜为好。

（二）播种育苗

大棚丝瓜春提早栽培的适宜播种期应在2月上、中旬。在大棚内采用电热温床育苗，每栽培666.7平方米大田需种量为100~150克。丝瓜种子的种壳较厚，播种前宜先浸种和催芽。浸种时间稍长，宜温水浸种12小时以上，催芽温度以28~3212为宜，当2/3的种子开口露白时即可播种。丝瓜的播种育苗过程与管理方法可参照西葫芦执行。

（三）合理套作

丝瓜属于高杆棚架栽培作物，一般沿棚两边栽培，引蔓上棚，在蔓叶布满棚顶之前棚内土地空闲期较长，为充分利用其空间，提高大棚栽培效益，可在丝瓜生长前期安排套作一些短平快的矮架作物，如套种苋菜、蕹菜或春大白菜或早熟辣椒等。待丝瓜蔓叶满棚进入盛果期时，这些套种作物已经收获罢园或获得相当可观的早期产量（如辣椒），因此采用大棚春提早栽培丝瓜要尽可能进行合理套作以发挥大棚的效应。

（四）整地施肥

大棚春提早栽培丝瓜，一般在大棚两边种植丝瓜，中间套种其他矮生作物，因此整地较为简单，可起垄栽培，在垄中开沟窨施基肥，基肥要重施。一般每666.7平方米大田窨施腐熟人畜粪1000千克，钙镁磷肥50千克，发酵饼肥150千克，火土灰500千克。整地施肥后在垄上覆盖地膜，此项工作应在定植前10天完成。

（五）及早定植，合理密植

当丝瓜幼苗长至二叶一心，也就是苗龄40天左右时定植为宜，一般在3月中、下旬抢晴天定植。定植的株距为40~50厘米，30米×6米的标准大棚定植120~150株，定植后浇上压蔸水，并用土杂肥封严定植孔。定植后采用小拱棚加大棚双层覆盖，闭棚5~7天，以利缓苗。

（六）田间管理

1. 棚温调节。控制棚温白天不超过30℃，夜晚不低于15℃，主要通过揭盖小拱棚，开启大棚两侧通风口来实现。

2. 揭膜引蔓。进入4月中旬后，温度上升到丝瓜生长的适温，而此时，光照不足成了影响丝瓜蔓叶健壮生长的主要因素，同时植株开始抽蔓。因此四月中旬可将小拱棚与大棚顶膜拆除，有利通风透光，同时人为有意识地将瓜蔓引到大棚上。

3. 植株调整。丝瓜虽属于主、侧蔓同时结瓜的类型，但侧蔓过于繁茂，影响通风透光，应在生长期间进行整枝打蔓。一般在上棚架之前，仅保留主蔓，其余侧枝全部摘除，这样有利主蔓强壮，集中养分供应，提早结瓜。当主蔓1.5米高以上时，可保留2~3个侧枝，其余侧枝全部摘除。要人为有意识地进行引蔓，使蔓叶在棚上分布均匀，使其通风透光良好，有利于丝瓜的丰产。在整枝引蔓的同时，要注意疏花疏须疏果，疏花疏须主要是疏去绝大部分雄花和卷须。丝瓜的雄花为总状花序，花的数目多，消耗营养多，除每隔2~3节留一朵雄花外，可将多余的雄花和卷须及早摘除，以减少养分的消耗。丝瓜雌花几乎每节都有发生，但畸形果率较高，可结合采摘提早疏去畸形果，以便养分集中供应到商品性较好的果实中去。丝瓜生长的中后期，基部结过瓜的茎蔓老叶功能丧失，应摘除老叶，一方面有利于通风透光；另一方面有利于先端茎蔓有更宽的生长空间，延长结果期。

4. 激素保果与人工授粉。丝瓜生长前期因无雄花或低温影响坐果，可利用0.003%的2, 4-D点花或50倍的高效坐果灵涂抹果柄。稍后10天左右，每天早晨9时前进行人工授粉，以提高坐果率与成瓜率。

5. 追肥。丝瓜因其连续结瓜期长，应进行多次追肥。

小满后,可将地膜揭去,中耕后追肥,5月底追肥一次,6~7月每隔半月追一次肥,8~9月每隔7~10天追一次肥。追肥以腐熟人粪尿对0.2%左右的三元复合肥浇施。

6. 病虫害防治。大棚丝瓜主要病害有疫病、蔓枯病、细菌性角斑病;虫害主要有蚜虫、黄守瓜、斑潜蝇和瓜绢虫害等。防治方法可参见本书有关部分。

(七) 及时采收

丝瓜是以嫩瓜为商品瓜,因此要及时采收。当瓜重300~500克,花蒂犹存时采收为宜。

第七节 苦 瓜

一、经济价值

苦瓜原产东印度,广泛分布于热带、亚热带和温带。印度、日本和东南亚栽培历史悠久,我国南方早在明代已普遍栽培,近年来,我国北部地区种植面积也在逐渐扩大。华南地区春、夏、秋季均有生产,以春、夏为主;长江流域及其以北地区多在夏季栽培。

苦瓜主要以嫩果供食,营养价值较高,含有较丰富的碳水化合物,矿物质及维生素。含蛋白质0.8~1克,碳水化合物2.6~3.5克,脂肪0.2克,纤维素1.1克,钙18~22毫克、磷19~32毫克、铁1.0毫克、胡萝卜素0.08毫克、维生素B_1 0.07毫克、维生素B_2 0.06毫克、维生素 PP0.03 毫克、维生素 C 高达 84 毫克，居瓜类之冠。

苦瓜果实富含一种糖苷，味甘苦而清爽可口，具有特殊风味，能刺激唾液和胃液的分泌，有增进食用欲和帮助消化的作用。苦瓜的食用方法很多，喜食苦瓜原味的宜清炒，嫌苦的可将果实切开，用盐稍腌片刻再炒则苦味大减。将苦瓜果腔挖空，灌以肉馅、配料、醮面糊蒸之或油炸，更受食用者喜爱。苦瓜与鱼一起烹调，不仅可以去腥气而且苦味变淡，别具风味。苦瓜还可作汤，清凉可口、开胃，是盛夏解暑上品。

苦瓜还可药用，具有除邪热，减劳乏，明目解毒，提高身体免疫的功能，对糖尿病的疗效极佳。夏季食用可防中暑，防治皮炎、喉炎等症。其根、茎、叶、花也可入药，因此苦瓜又称药用蔬菜。

苦瓜耐热性较强，病虫害较少，种植容易，可作为无公害蔬菜栽培。近年来，苦瓜的消费量越来越大，因此，发展反季节苦瓜生产，既可提高菜农收入，又可丰富蔬菜市场供应。

二、生物学特性

（一）植物学特征

1. 根。苦瓜根系发达，侧根较多，入土深达 50 厘米，水平分布在 1 米左右的土壤范围内。

2. 茎。茎蔓性，五棱，浓绿色，被茸毛，茎节上能发生侧蔓、卷须和花芽。分枝力极强，几乎每个叶腋都能萌发侧芽，长成子蔓，子蔓上又能发生孙蔓，形成较繁茂的蔓叶系统。

3. 叶。初生真叶对生，盾形，绿色，以后发生的真叶互生。掌状深裂，叶面光滑无毛，绿色，叶柄长，叶脉明显。

4. 花。花单生，雄雌同株异花，先开雄花，花冠鲜黄色，雌花子房下位，花较小，虫媒花，异花授粉。

5. 果。果为浆果，表面有多数瘤状突起，果实的形状因品种而异，有纺锤形、短圆锥形、长圆锥形等。嫩果为青绿色或淡绿色至白色。成熟时为橘红色，成熟果实顶端极易开裂，露出红色瓜瓤，瓜肉包裹着种子。

6. 种子。种子盾形，扁平，淡黄色，表面有花纹，种壳厚，每果含种子10~20粒，千粒重150~180克。

（二）环境条件

1. 温度。苦瓜喜温，较耐热，不耐寒。种子发芽适温30℃~35℃，幼苗生长适温为20℃~25℃，15℃以下生长缓慢，虽然能忍耐10℃以下的较低温度，但生长不良。营养生长与开花结果的适宜温度25℃~30℃，30℃以上或15℃以下对苦瓜的生长结果不利。

2. 光照。苦瓜属短日照植物，但对光照长短的要求不严格，喜光不耐荫。苗期光照不足可降低对低温抵抗力。开花结果期需要较强光照，充足日照有利于光合作用及坐果率的提高，否则，光照不足常引起落花落果。

3. 水分。苦瓜喜湿而不耐涝，生长期间需要85%的空气相对湿度；如果连续阴雨或积水，容易烂根，叶片黄萎，轻则影响结果，重则全株发病枯死。

4. 土壤营养。苦瓜耐肥而不耐瘠，应选择富含有机质、土层疏松、保水保肥力强的肥沃园土种植。其对养分要求较高，有机肥料充足，植株生长健壮，开花结果多，果实也大。尤其是在开花结果期，如果肥水不足，植株容易早衰，果实变小，苦味增加，品质明显下降，结果盛期要求供应充足的氮肥。

三、类型与良种

（一）类型

我国苦瓜的品种资源丰富，尤其是华南地区品种更多，一般按果实大小和用途不同分为两个类型。

1. 小型苦瓜。果实呈短纺锤形或圆锥形，长6～12厘米，横径4～5厘米，果皮有纵行瘤状突起，颜色有绿、浅绿或白绿色，成熟后为橘红色。果肉较薄，苦味浓，果皮易开裂。种子较大，产量低、品质差。很少作蔬菜栽培，多作庭院绿化及观赏。

2. 大型苦瓜。果实呈长圆锥形或圆筒形，长15～45厘米不等，横径5～7厘米，果实表面光亮，有纵行瘤状突起，果皮有绿色、浅绿色或白绿色，成熟时变为橘红色。种子较小，主要集中在果实中下部，成熟易开裂，使种子脱落，多作商品蔬菜栽培。

（二）良种

1. 蓝山大白苦瓜。蓝山县农家品种。植株蔓生攀缘，分枝性强。叶掌状五角形，深裂。主蔓第 10~12 节着生第一雌花。果实白色，长圆筒形，表面有大而密的瘤状突起，老熟果橙红色，单瓜重 0.5~1.0 千克。早、中熟，从播种到始收 80 天。耐肥、耐湿、耐热，抗病虫力强，每 666.7 平方米产量 4000 千克。

2. 株洲长白苦瓜。株洲农科所 1970 年系统选育而成。植株生长势旺盛，分枝性强，主蔓长 363 厘米，节间长 8.2 厘米。叶掌状五角形，深裂，绿色带黄。第一雌花着生在第 17 节位，以后连续 2~3 节出现雌花。果实长条形，长 70~80 厘米，粗 5.4~6.5 厘米，绿白色，果面瘤状突起较密，单瓜重约 0.8 千克。中熟，生育期 200~220 天。耐肥、耐热，抗病性一般，每 666.7 平方米产量 4000~4500 千克。

3. 衡阳大麻子苦瓜。衡阳市郊农家品种。植株蔓生，生长势强，叶绿色，主蔓第 9~13 节着生第一雌花。果实长纺锤形，白色，老熟果橘红色，近果柄处绿白色。果顶钝尖，果面具光泽，有浅棱，瘤大平滑，果皮软，肉白色，单果重约 0.35 千克，早熟，从定植到收获 50~60 天，生长期 120~130 天，耐热性、抗病虫性均强。肉质脆嫩，苦味适中，清凉可口。一般每 666.7 平方米产量 2000~2500 千克。

4. 湘丰一号苦瓜。湖南蔬菜研究所1987年育成的极早熟杂交苦瓜组合。植株生长旺盛,分枝力强。主、侧蔓雌花多,挂果能力强,可持续结瓜。主蔓8~9节着生第一雌花,瓜长纺锤形,绿白色,长35~40厘米,横径4.5~5.5厘米,单瓜重0.2~0.4千克,肉质脆韧,苦味适中。耐热,较耐寒,适于春季保护地或露地早熟栽培,也可夏秋末种植。春栽从播种至始收42天,全生长期100天。中抗白粉病、枯萎病,较耐阴雨天气。露地早熟栽培每666.7平方米产量2500千克,秋延后栽培每666.7平方米产量4500千克。

5. 湘丰三号苦瓜。湖南省蔬菜研究所1987年选育的早熟丰产型杂交苦瓜组合。植株生长旺盛,分枝能力强,主、侧蔓雌花多,挂果能力强,可持续结瓜。主蔓第一雌花着生在9~12节,瓜粗长条形,绿白色,长40~50厘米,横径5.0厘米,单瓜重0.3~0.6千克,肉质脆韧,苦味适中。耐热,稍耐寒,中抗枯萎病,较抗高温多雨天气。适于春季早熟栽培,能翻秋度夏秋淡季,也可秋季种植。春栽播种至始收75天,全生长期180天。秋植,播种至始收50天左右,全生育期110天。露地早熟栽培每666.7平方米产量2500千克,秋延后栽培每666.7平方米产量4000~5000千克。

6. 长丰三号苦瓜。早熟绿色苦瓜品种,生长期120天左右,瓜皮淡绿色,长圆棒形,瓜长35~50厘米,粗

6~10厘米，单瓜重400~800克，微苦，甘脆，风味极佳，耐贮运，商品性极高。

7. 广西大肉一号苦瓜。早熟绿色苦瓜品种，丰产，抗病，极耐热、耐涝。春植生育期100天左右，每666.7平方米产量2500千克以上。商品瓜皮淡绿色，瓜呈长圆棒形，瓜瘤丰满而且瓜外观光泽油亮，甚是可爱。瓜长35~45厘米，粗8~12厘米，单瓜重500~800克。微苦，甘脆，口感好，品质上乘，耐贮运。

四、大棚春提早栽培技术

（一）品种选择

春提早栽培宜选择蓝山大白苦瓜，湘丰一号、三号、长丰三号苦瓜等，其上市早又符合湖南省各地的消费嗜好。

（二）早育壮苗

大棚春提早栽培的适宜播种期为2月中、下旬，在大棚内采用电热加温、营养钵育苗。每666.7平方米大田用种量为200~300克，苦瓜种子种皮厚而坚硬，吸水较慢，发芽较困难，以浸种催芽播种为好，先55℃~60℃温水浸种15分钟，继续在常温水中浸泡12小时以上，然后拌湿润煤灰置于30℃~32℃下催芽2~3天，种子露白后即可播种于电热温床中，苗床管理与壮苗方法可参照西葫芦等育苗进行。当幼苗长出3~4片真叶即可定植于大棚中。

(三) 整地施肥

于前作收获后土壤翻耕前，每666.7平方米撒施生石灰100千克进行土壤消毒。土壤翻耕后，全层撒施腐熟人畜粪2000千克、饼肥100千克、尿素15千克、磷肥50千克、钾肥15千克，结合整地将肥料与土壤混合均匀，然后作畦。30米×6米标准大棚作畦3块，畦宽1.5~1.6米，沟宽0.5~0.6米，沟深0.3米，随即覆盖好地膜。此项工作应在移栽前10天完成。

(四) 合理套作

苦瓜属于高杆棚架栽培作物，在蔓叶布满棚顶之前，棚内土地空闲期较长，为充分利用其空间，提高大棚栽培效益，可在苦瓜生长前期安排套种一些短平快的矮架作物，如春白菜、春萝卜、早熟辣椒等。待苦瓜蔓叶满棚进入盛果期时，这些套种作物已经收获罢园或已获得相当可观的早期产量。

(五) 及早定植，合理密植

当苦瓜幼苗长至三叶一心，即苗龄40天左右即可定植，一般在3月中、下旬抢晴天及早定植。定植的行株距为2.8米×0.4米，即每棚定植3行，棚中1行，两边各1行，30米×6米标准大棚定植220株左右，定植后浇上压蔸水，并用土杂肥封严定植孔。定植后采用小拱棚加大棚双层覆盖，闭棚5~7天，以利缓苗。

(六) 田间管理

1. 棚温调节。控制棚温白天不超过30℃，夜晚不低于15℃，主要通过揭盖小拱棚，开启大棚两侧通风口来实现。

2. 揭膜引蔓。进入4月中旬后，温度上升到苦瓜生长的适温，而此时，光照不足成了影响苦瓜蔓叶健壮生长的主要因素，同时植株开始抽蔓。因此4月中旬可将小拱棚与大棚顶拆除，有利通风透光，同时棚中行立架，人为有意识地将瓜蔓引向棚顶。

3. 植株调整。苦瓜虽属于主、侧蔓同时结瓜的类型，但侧蔓过于繁茂，影响通风透光，应在生长期间进行整枝打蔓。一般在上棚架之前，仅保留主蔓，摘除全部侧蔓，有利主蔓强壮，集中养分供应，提早结瓜。主蔓上棚后，边行的瓜蔓向棚顶引，中行的瓜蔓向两边分，要人为有意识地进行引蔓布藤，并适当地疏些侧枝，使蔓叶在棚上均匀分布，使其通风透光良好，有利于高产。

4. 多次追肥。苦瓜的连续结瓜期长，应进行多次追肥。小满以后，可将地膜揭去，中耕后追肥。一般每采2～3次果追一次肥，追肥以2～3成腐熟人畜粪对0.2%～0.3%的三元复合肥为宜。使蔓叶保持长盛不衰是夺取苦瓜高产的根本保证。

5. 病虫害防治。苦瓜植株有一种特殊的气味，抗病虫的能力较强，但在高温多雨季节常发生炭疽病、褐斑病；在干旱季节易受蚜虫、白粉虱等害虫危害。防治炭疽病、褐斑病可用70%的甲基托布津可湿性粉剂800～1000

倍液或75%的百菌清可湿性粉剂800倍液喷雾防治。防治蚜虫可用25%的速灭杀丁8000倍液喷雾防治。防治白粉虱可用20%的杀灭乳油5000倍喷雾防治。

五、适时采收

苦瓜采收过早果肉硬，苦味浓，产量低；采收过迟易裂果，丧失商品性。因此，必须适时采收，一般当苦瓜果实充分长大，瓜面瘤状物突起增大、瘤沟变浅，瓜尖干滑，皮层鲜绿或呈乳白色，并有光泽时为其采收适期。

> ★ 『农家书屋』特别推荐书系

》种植技术类

无公害反季节蔬菜栽培技术
（下）

刘明月/主编
陈学文/副主编
蔡雁平 肖深根/参编

湖南科学技术出版社

图书在版编目(CIP)数据

无公害反季节蔬菜栽培技术/刘明月编著.—长沙:湖南科学技术出版社,2009.3
ISBN 978-7-5357-5618-3

Ⅰ.无… Ⅱ.刘… Ⅲ.蔬菜-温室栽培-无污染技术
Ⅳ.S626.5

中国版本图书馆 CIP 数据核字(2009)第 031105 号

无公害反季节蔬菜栽培技术(下)

主　　编:刘明月
责任编辑:彭少富
出版发行:湖南科学技术出版社
社　　址:长沙市湘雅路 276 号
　　　　　http://www.hnstp.com
印　　刷:唐山新苑印务有限公司
　　　　　(印装质量问题请直接与本厂联系)
厂　　址:河北省玉田县亮甲店镇杨五侯庄村东 102 国道北侧
邮　　编:064101
出版日期:2017 年 10 月第 1 版第 2 次
开　　本:787mm×1092mm　1/32
印　　张:4.5
字　　数:160000
书　　号:ISBN 978-7-5357-5618-3
定　　价:35.00 元(共二册)

(版权所有·翻印必究)

目 录

第四章 无公害反季节豆类蔬菜栽培 …………… 1
  第一节 菜豆 ………………………………………… 2
  第二节 豇豆 ………………………………………… 10
第五章 无公害反季节白菜类蔬菜栽培 …………… 20
  第一节 大白菜 ……………………………………… 20
  第二节 小白菜 ……………………………………… 33
  第三节 菜薹 ………………………………………… 42
第六章 无公害反季节甘蓝类蔬菜栽培 …………… 53
  第一节 结球甘蓝 …………………………………… 54
  第二节 花椰菜 ……………………………………… 65
  第三节 青花菜 ……………………………………… 76
第七章 无公害反季节根菜类蔬菜栽培 …………… 84
  第一节 萝卜 ………………………………………… 85
  第二节 胡萝卜 ……………………………………… 96

第八章　无公害反季节绿叶蔬菜栽培 …… 104
　第一节　莴苣 …… 104
　第二节　芹菜 …… 115
第九章　无公害反季节芽苗菜生产 …… 125
　第一节　概述 …… 125
　第二节　娃娃萝卜菜 …… 135
　第三节　豌豆苗 …… 137

第四章　无公害反季节豆类蔬菜栽培

豆类蔬菜是豆科中以嫩豆荚或嫩豆粒作蔬菜食用的栽培种群，包括菜豆、豇豆、豌豆、蚕豆、扁豆、刀豆、菜用大豆、四棱豆、黎豆等共9个属11个种。豆类蔬菜都含有丰富的蛋白质、脂肪、糖类、矿质元素及各种维生素，营养价值高。这类蔬菜均为蝶形花冠，自花授粉，留种容易。直根系，入土深，具根瘤，能固定空气中的氮，对氮素营养需求较少，而磷钾较多，土壤pH值以5.5~6.7为宜。除豌豆、蚕豆属长日照植物，适冷凉气候条件外，其他均属短日照植物，喜温暖，不耐寒。豆类蔬菜供应时间较长，它们既可鲜食，又可加工成酸菜、干菜等应市，在蔬菜的周年均衡供应中有着重要地位。且豆类蔬菜大多适应性广，抗病能力强，栽培易成功，利用大棚等设施进行反季节生产，既可增加花色品种，缓解供求矛盾，提高经济效益，还可利用豆类蔬菜进行倒茬和轮作，改善土壤肥力状况，减少病虫害的发生。在豆类蔬菜中，以菜豆、豇豆的栽培最为普遍。

第一节 菜 豆

一、经济价值

菜豆又名四季豆、芸豆,以肥厚的嫩荚或成熟的种子供食用。其营养价值较高,据测定,每100克菜豆嫩荚中含蛋白质1.5克、碳水化合物4.7克,脂肪0.2克,维生素C 9毫克。菜豆上市比豇豆早,且比豇豆耐贮运,可利用塑料大棚或小拱棚行春提早或秋延后反季栽培,调剂补淡,提高经济效益。菜豆也是加工罐头和脱水菜的主要原料。老熟种子含蛋白质22.5%,碳水化合物50.6%,既可作菜又可作粮食。

二、生物学特性

(一)植物学特征

菜豆种子肾形或卵形,红、白、黄、褐、黑和花斑等色。千粒重300~700克,子叶发达,贮藏大量营养物质,容易发芽,种子吸水容易,不需浸种催芽。

根系较发达,主根深达80厘米以上,侧根分布直径60~70厘米,但根的再生能力较弱,最好采用直播或小苗移栽。菜豆根能与根瘤菌共生,形成根瘤,因此种植菜豆时不需施用很多的氮肥。

茎矮生、半蔓生和蔓生,蔓生种一般为无限生长型,需搭架栽培,矮生种为有限生长型,不需搭架栽培。

菜豆子叶出土，初生真叶为单叶，对生，其后真叶为三出复叶，互生，具长叶柄，基部着生一对托叶，小叶片近心脏形，全缘，叶绿色，叶面和叶柄具茸毛。

总状花序，腋生具长花序柄，花冠蝶形，有白、黄及紫色，多为自花授粉，天然杂交的可能性很少，故留种较方便。龙骨瓣呈螺旋状卷曲，是菜豆属的重要特征。

荚果条形，直或弯曲，长 10～20 厘米，嫩荚绿、淡绿、紫红或紫红花斑等色，成熟时黄白至黄褐色，每荚含种子 4～15 粒。

（二）环境条件

1. 光照。菜豆虽属日照植物，但类型不同而有变化，多数品种属中间型，对日照长短要求不严格。幼苗期在日照较短的条件下，花形成较早，光照较强则开花较多，结荚率较高，光照较弱时，开花结荚数减少。

2. 温度。菜豆喜温，不耐热，也不耐霜冻，在 10℃～25℃ 温度都可以生长，适温 20℃ 左右。30℃ 以上，花粉管伸长受阻，授粉不良，引起落花落荚，豆荚变短。当昼温为 13℃，夜温为 8℃ 时几乎不能生长，地温的临界温度为 13℃，种子发芽适温 20℃～25℃，幼苗生长适温 18℃～20℃，花芽分化适温为 20℃～25℃。

3. 水分。菜豆比较耐旱，要求土壤含水量适中不能过湿。较低的土壤湿度有利于根瘤菌的生活。菜豆种子富含蛋白质，播种后水分过多，易腐烂而丧失发芽力。开花前水分过多，易引起茎叶徒长和减少花芽分化。开花和结荚时土壤湿度大，又容易造成落花落荚。

适宜的土壤湿度为田间持水量的60%~70%，空气相对湿度为80%左右。

4. 土壤及其营养。菜豆对土壤的适应性较广，除地下水位高的黏重土壤外，各种土壤都可以生长。适于土层深厚疏松，富含有机质，排水良好的壤土或砂壤土，要求土壤酸碱度中性（pH值为6~7）。

菜豆以嫩豆荚或种子供食，又由于根瘤菌的作用，对氮肥需要较少而需要较多的磷钾肥，但在抽蔓前，因根瘤少，仍需供给少量氮肥。

三、类型与良种

菜豆按食用要求不同分为荚用类型和豆粒用类型。按豆荚纤维化的情况不同分为硬荚类型和软荚类型。按生长习性可分为蔓生、半蔓生和矮生类型。

（一）蔓性种

1. 双丰3号。株高3米左右，主蔓第5~6节出现第1花序。叶色深绿，花白色，每花序结荚2~6个，单株结荚30~50个，嫩荚绿色，荚长20~22厘米，品质优，商品性和丰产性好。中早熟，春播播种至嫩荚始收55~60天，一般每666.7平方米产2000千克左右。

2. 碧丰。生长势强，侧枝多。花白色，始花节位5~6节，每花序结荚3~5个，单株结荚20个左右。商品荚绿色，宽扁条形，长21～23厘米，单荚重14～16克，纤维少，质脆、嫩、甜。较早熟，适应性强，南北各地均可种植，一般666.7平方米产1300～2000千克。

3. 12号菜豆。侧蔓萌发力中等，主蔓第8～10节开始产生花序，荚长约18厘米，单荚重约13克，浅绿色。中熟，播种至初收，春植约需75天，秋植需50天左右。荚脆嫩，纤维少，荚形整齐，商品率高。生长势强，适应性广。每666.7平方米产量1200～1500千克。

4. 29号菜豆。主蔓第5～6节开始着生花序，花白色，每花序结荚5～7条。嫩荚呈棒形，荚长14.2厘米，呈浅绿色，荚形整齐，结荚多，品质优，单荚重约10.5克。早中熟，播种至初收，春播需65～70天，秋播需47～50天，每666.7平方米产量1200～1400千克。

（二）矮生种

1. 新西兰3号。有分枝5～6个，株高约50厘米，叶色深绿，花浅紫色，每花序着花5～6朵，结荚4～6个，坐荚率高，嫩荚圆棒形，略扁，长约15厘米，平均单荚重10克左右，肉较厚，纤维少，品质较好。较早熟，适应性强。一般每666.7平方米产1100～1700千克。

2. 优胜者。株高38厘米，生长势中等，主蔓5～6节封顶，花淡紫色。嫩荚近圆棍形，浅绿色，长15厘米左右，单荚重约8.6克。早熟种，播种60天左右始收嫩荚。

适应性强，666.7平方米产量1000~1300千克。

3. 农友早生菜豆。极早熟，播后45天左右始收。花白色，豆荚绿色，长约12厘米，无筋，品质优良。生长势强，容易栽培，产量较高。

四、栽培技术

(一) 春提早栽培

1. 播种育苗。选粒大饱满，有光泽，无病虫的纯种子在播种前用52℃~60℃的温水浸种，不断搅拌15分钟，以杀灭种子表面病菌，或用1%福尔马林浸种20分钟，再用清水冲洗后播种，以预防炭疽病，也可用种子重量0.3%的福美双拌种后播种，对减少菜豆病害的发生均有利。

菜豆作春提早栽培一般行育苗移栽，可在2月下旬至3月上旬在大棚内加盖小拱棚育苗。育苗移栽的方式有穴播、条播和撒播。穴播时每穴播种2~3粒，每穴间隔7~8厘米左右，便于将来带土移栽。播后覆土1~1.5厘米，然后浇水。也可采用营养钵育苗，每钵播种2~3粒。

为了加强防寒保温，避免烂种和死苗现象，最好在育苗床上铺设电热线。幼苗出土前保持25℃~28℃，出土后适当降温，土壤温度不能太大，切忌忽干忽湿，在温暖天气的中午，还应适当揭膜通风，以降低棚内湿度，定植前一周还要降温炼苗。

每666.7平方米用种量：蔓性菜豆2.5~3.0千克，矮生菜豆4~5千克。

2. 整地作畦盖地膜。选疏松、排水良好的土壤，抢晴天耕地，耕翻深度要求25~30厘米，同时每666.7平方米施入优质腐熟农家肥3000千克左右或菜枯100千克，另加磷肥50千克，然后整平耙细作畦，一个大棚内作畦三个，畦宽1.6米左右，在定植前一周覆盖地膜。

3. 定植。定植时间一般在3月中下旬，选"冷尾暖头"、晴朗无风的天气在膜上打孔栽苗。蔓生种每畦栽4行搭双架，穴距20~25厘米，矮生种每畦栽5~6行，穴距25厘米左右，定植后及时浇压蔸水，然后用土杂肥或干细土捂严定植孔。

4. 定植后的管理。定植后立即密闭大棚保温，促其迅速缓苗，定植后5~7天，若土壤墒情不够，可浇一次水，有利缓苗，以后要控水，并视天气逐渐揭膜放风，以降低棚内湿度，至4月中旬后可将大棚膜全部撤除。

定植1周后用稀粪水浇施催苗，以后可逐渐大浇施粪水的浓度，当苗高1米以上时，要勤施粪水，进入结荚期，要保证水肥充足，以后每采收1~2次施1次粪水，或在高温干旱时结合灌水每666.7平方米施氮、磷、钾复合肥25千克，也可用0.5%的磷酸二氢钾在开花结荚期进行叶面追肥，7天一次，连喷3次，以促进多开花，多结荚，增加产量。菜豆施肥的基本原则是：开花前少施，开花后多施,结荚期重施。

蔓生种菜豆开始抽蔓后就要搭架,搭架用的材料是3米左右的小竹竿,采用"人字架"或"鸟窝架"的搭架方式。为防止藤蔓相互缠绕,搭架后需及时进行引蔓,将蔓缠在支柱上,一般引蔓2~3次,以后任其自然攀缘。

菜豆的病害主要有炭疽病、枯萎病、根腐病和疫病等,可选用50%多菌灵。70%甲基托布津或45%代森铵水剂有较好的防治效果。虫害主要有蚜虫、豆荚螟、美洲斑潜蝇等,用海正灭虫灵、米螨等药剂防治。

5. 采收与留种。矮生种定植后45~50天左右开始收获,蔓生种定植后50~60天左右收获。在采收盛期,每2~3天采摘一次。

菜豆可以留种。留种时选择生长健壮,无病虫害、结荚多、并具有本品种特性的植株上中部的豆荚留种。留种的豆荚充分老熟,采摘晒干,去壳后贮藏于干燥处。

(二)秋延后栽培

1. **整地施基肥** 当前茬收获结束后,随即土壤深翻炕地10天以上,并结合整地施入基肥,一般每666.7平方米施腐熟的猪、牛粪等有机肥2500~3000千克,氮、磷、钾复合肥30千克,一次翻入土中。精细整地,作畦方式与春栽相同。

2. **播种育苗。**一般于7月下旬至8月上旬直接播种,也可育苗移栽。因苗期处于高温季节，应覆盖遮阳网进行遮荫降温避雨。

3. 定植。秋季气温由高到低，植株生长不会过旺，可适当密植：蔓生种株行距20厘米×45厘米；矮生种25厘米见方。棚上盖遮阳网，定植后2~3天内连浇缓苗水3~4次，注意蔓生种只能在大棚中间两畦土种植，两边土块栽植西葫芦、辣椒、茄子等秋延后矮生蔬菜，以便于盖棚后的搭架引蔓。

4. 田间管理。采用直播的出苗前不再浇水，以防水分过多引起烂种。定植缓苗后可撤遮阳网。由于前期气温偏高，秧苗生长极快，在开花前要尽量控制水肥，防止徒长。在第一片真叶展开后，结合松土追苗肥一次，可用稀粪水浇施，在叶片幼嫩伸长肥大时，每隔7~10天浇水或肥一次，开花期一般不浇水，在幼荚挂住后应追施重肥一次，可用氮、磷、钾复合肥每666.7平方米20千克，施后灌水。不盖地膜的还应中耕除草2~3次，由浅入深，直至植株封行为止。10月中旬以后，停止浇水肥，并要盖棚保温避北风。栽培矮生种的若气温较低，晚上大棚内应加盖小拱棚，棚内注意经常通风换气。覆盖物昼揭晚盖，以尽量延长采收期至11月上、中旬。

蔓生种在长到7~8片叶时插架，蔓长到大棚顶端时摘心，并将下部老叶、黄叶、病叶打掉。果荚落花后10~15天为采收适期，隔2~3天可采收一次。

第二节 豇豆

一、经济价值

豇豆又名长豆、豆角、带豆等，属一年生缠绕草本植物。每100克嫩豆荚含水分85~90克，蛋白质2.9~3.5克，碳水化合物5~9克，还含有多种维生素和矿物质等。嫩豆荚肉质肥厚，炒食脆嫩，也可烫后凉拌或腌泡，老熟豆粒可作糕点。豇豆耐高温能力较强，是夏秋主要蔬菜之一，能补充7~9月蔬菜淡季的供应，在蔬菜周年均衡供应中占有重要地位。

二、生物学特性

（一）植物学特征

豇豆根系发达，主根深达50~80厘米，主要分布在15~18厘米的土层中，根容易木栓化，再生能力弱，有根瘤共生，但根瘤形成的能力比其他豆类差。

茎分矮生、半蔓生和蔓生，右旋性缠绕生长，其抽蔓及侧蔓的形成与菜豆基本相同。

豇豆种子发芽时子叶出土，初生真叶两枚，单叶、对生。以后真叶为三出复叶，中间小叶片较大，卵状菱形，小叶全缘，无毛。

总状花序，腋生，具长花序柄，每花序有4~8枚花蕾，通常成对互生于花序近顶部，蝶形花，萼浅绿色，花冠白、黄或紫色。雄蕊两束。子房无柄,有胚珠多颗,花柱长,白花授粉。

每花序一般结荚2~4个,荚果线形,长30~100厘米,有浓绿、绿、绿白和紫红等色,每荚含8~20粒种子。

豇豆种子无胚乳、肾形,子叶肥厚,富含蛋白质,易于吸水,颜色有紫红、褐、白、黑色或花斑等,千粒重120~150克。

(二)环境条件

1. 光照。豇豆属短日性植物,但多数品种对日照长短的要求不严格,在较长或较短日照下仍能开花结荚。豇豆不宜强光照,但要求充足的阳光,若光线不足,也会引起落花落荚。

2. 温度。豇豆喜温暖,耐高温,畏霜冻。种子发芽适温25℃~30℃,生长适温20℃~25℃,开花结荚适温20℃~30℃;35℃以上或15℃以下对豇豆生长发育不利。白荚和紫荚类型比青荚类型较耐热,宜夏季栽培,青荚类型适于春秋两季栽培。

3. 水分。豇豆耐空气干燥和土壤干旱,土壤湿度过高,影响根系生长和根瘤发育,甚至引起病害。在开花结荚和种子发育期间需较多水分,因此在豇豆的采收盛期及高温干旱季节应适当灌溉。

4. 土壤及其营养。豇豆对土壤的适应性较广,沙土、砂壤土、黏壤土和黏土均能栽培，但不宜过于黏重和水位高的土壤。土壤酸度适于中性，如土壤过酸可施用石灰来调整。豇豆不耐肥，如前作施肥多，后作种植豇豆，可不再施用基肥，但比较瘦的土壤应施用有机肥作基肥。此外根瘤菌的活动需要较多的磷，增施磷肥能增加产量。

三、类型与良种

豇豆依其荚果长短分为长豇豆和短豇豆。长豇豆荚果长30～100厘米，短豇豆荚果长30厘米以下，一般栽培长豇豆。依其茎的生长习性有蔓性种、半蔓性和矮生种，一般以蔓性种栽培为多。根据荚果的颜色可分为青荚、白荚和红（紫）荚三个类型，每类各有许多品种。

（一）青荚类型（青豆角）

1. 湘豇2号。湖南省长沙市蔬菜研究所育成。植株蔓生，分枝1～3条，第一花序着生在第2～5叶节，每花序结荚2～4条，主侧蔓均能结荚，嫩荚深绿色，长64厘米左右，单荚重约15.7克，荚肉厚而质紧，商品性好，早熟，抗性较强。

2. 广州大叶青。分枝性强，主蔓长3米以上，叶片肥大，第7～8节开始着生花序，花浅紫色。荚长75厘米左右，绿色。荚肉厚，细嫩，纤维少，品质佳。中熟，产量较高。

3. 青豇80。蔓长2米以上，侧枝少，生长势强，第一花序着生在主茎第6～8节。坐荚率高，嫩荚绿色，荚长约70厘米、粗0.5厘米。抗病性强，耐寒、耐涝、早熟。

4. 高雄青荚。台湾农友种苗公司育成。晚熟品种。植株生长强健。荚色青绿，荚尖紫色，荚长50厘米左右，荚重约40克，粗长圆直、肉厚质嫩，不易老化。

（二）白荚类型（白豆角）

1. 之豇28-2。浙江省农科院园艺系育成。株高2.5~3米，主蔓4~5节开始结荚，7节以上各节均有花荚。荚粗而长，一般长60~70厘米，最长可达1米以上，荚横断面呈圆形，嫩荚浅绿色，单荚重20~30克。早熟。耐热耐肥，抗病，产量较高，一般每666.7平方米产1000~3000千克。

2. 湘豇3号。湖南省蔬菜研究所育成。蔓长3.4米，生长势强，初花节位在2~4叶节。嫩荚淡绿色，外观好，肉质脆嫩、味甜、口感好，田间表现较耐寒，耐涝，病害发生轻。早熟，全生育期120天，每666.7平方米产量2800千克左右。

3. 株豇2号。湖南省株洲市农科所育成。蔓长2.0~2.8米，长势强，主茎第2~3节开始着生花序。商品荚长65~75厘米，单荚重27.10克，长条形，色白绿，纤维少，肉厚。早熟，前期开花集中，结荚率高，一般每666.7平方米产2400千克。

（三）红（紫）荚类型

紫茵豇豆：台湾农友种苗公司育成。本品种特点为荚色紫红，豆荚粗壮，肉厚，不易老化，品质柔糯。紫茵生长旺盛，特性及形态和高雄青荚相仿，适食时荚长40～50厘米，荚粗0.9～1.3厘米，荚重20～30克，但在低温期结荚易弯曲。

四、栽培技术

（一）春提早栽培

1. 播种育苗。春提早栽培豇豆宜采用营养钵或营养块育苗移栽。因直播后，气温低，发芽慢，遇低温阴雨，种子容易发霉烂种，遇霜冻又易死苗，故以育苗为宜。

播种期一般于2月底至3月上旬，在大棚内套小拱棚育苗，有条件的可在苗床上铺设电热线。每营养钵播种3～4粒，播种后浇水保湿，但切忌浇水过多，播种至出土前盖上薄膜，种子顶出土面后设置小拱棚，棚内温度应控制在20℃～25℃左右，即当小拱棚内温度低于20℃时，拱棚以盖为主，大棚密闭，当小拱棚内温度高于25℃时，揭小拱棚，于晴天中午适当揭开大棚膜通风散湿。整个育苗期间少浇水，控制湿度，低温天气注意增温防冻。

2. 整地作畦。选有机质丰富、疏松、地下水位较低的土壤，于越冬蔬菜收获后利用晴天进行土壤翻耕、整地，并同时施入适量的基肥，一般每666.7平方米可施入有机肥2000～3000千克，过磷酸钙50千克或复合肥30千克，如前作施肥较多，基肥可少施。精细整地后于定植前一星期覆盖地膜，栽培豇豆一般采用窄畦栽培，畦宽

1.0~1.2米（不包沟），每个大棚内作畦4个，每畦栽双行。

3. 适时定植。于3月中下旬当地温稳定在12℃以上，当第一对单生真叶展开后，第一复叶开展前，选"冷尾暖头"天气在地膜上打孔定植。定植密度根据品种的分支性和叶片大小而异，行株距60~65厘米×25~35厘米，每穴3~4株为好。

定植后，用1:1000倍敌克松药液淋蔸，每蔸淋药液300克左右，既可作定根水，又可防治枯萎病、根腐病等。然后扣上小拱棚，密闭5~7天，有利缓苗。

4. 田间管理

（1）肥水管理　豇豆定植成活后可浇施2~3次稀薄的粪水，以促进茎叶的生长，但在开花结荚前肥水不能过多过浓，以免蔓叶徒长，开花节位升高，形成中下部空蔓。结荚后根据植株生长情况加大施肥量，一般5~7天一次追肥，每次每666.7平方米用尿素15千克、磷肥50千克或用复合肥20千克对水浇蔸，以后每采收2~3次果荚后就应追肥一次，以避免植株早衰，延长采收时间，增加产量。

豇豆春提早栽培，一般雨水较多，主要注意排水，一般不单独灌水，只结合施肥浇水，开花结荚盛期，若遇长时间高温，造成土壤干旱，则应及时灌水，整个生育期内，保持畦面基本湿润即可。

（2）棚内温湿度管理 定植后的3~5天，密闭大棚和小拱棚保温，以促进缓苗，缓苗后白天保持棚内温度25℃以上，夜间不低于15℃，随着棚外气温的升高，中午棚内温度达到30℃以上时，可将小拱棚膜拉至顶部，扒开大棚围裙膜进行通风降湿，通风口由小变大，时间由短变长，当气温显著下降时，要及时关闭通风口保温。搭架引蔓前夕撤去小拱棚，5月上旬撤去大棚膜。

（3）及时搭架引蔓 当蔓长30~40厘米时，应及时搭架引蔓。搭架方式有"人字架"、"篱形架"和"鸟窝架"。搭架材料有竹竿、树枝和纤维绳。抽蔓以后要经常引蔓，使茎蔓均匀地分布在支架上。

（4）病虫害防治 豇豆主要病害有枯萎病、锈病、煤霉病等。可选用灭病威、甲基托布津、代森猛锌等防治；虫害主要有蚜虫、豆荚螟和美洲斑潜蝇等，可选用抑太保、卡死克、阿维菌素及菜喜等高效、低毒、安全的农药于害虫低龄期用药。

5. 及时采收。春提早栽培的目的是提早上市，以获得高效益，加上豇豆又以其嫩荚供食，因此应及早采收，一般在开花后7~10天可采收上市，采收时注意保护其他幼荚和花蕾。

（二）夏季防虫网栽培

6~8月的高温季节，栽培豇豆往往受到豆荚螟等虫害的严重危害，农药使用频繁，产品污染严重。而使用防虫网覆盖栽培，直接阻隔了害虫对豇豆的危害，可不用（或少用）农药，使生产的豇豆洁净无污染；防虫网还具有防暴雨冲刷和遮光降温的作用，可多年多茬次使用，夏季应用防虫网栽培，效益十分显著。栽培技术要点如下：

1. 选择适宜的防虫网规格。防虫网的规格主要包括幅度、孔径、丝径、颜色等内容，尤其是孔径，防虫网目数过少，网眼大，起不到应有的防虫效果，目数过多，网眼小，虽防虫却会增加防虫网的成本。在豇豆栽培上推荐的适宜目数为20~24目，丝径14~18毫米，幅度1.5米，白色。将数幅网缝合覆盖在大棚上。

2. 整地施基肥。选地势高燥的地块，覆盖前土壤翻耕，至少应有10个太阳日进行晒垡、消毒，以杀死土传病害，因使用防虫网全程覆盖，为减少进出大棚进行农事操作的次数，宜一次性施足基肥：每666.7平方米施入腐熟的有机肥2500~3000千克或菜枯饼100千克，另加过磷酸钙50千克，氮磷钾复合肥50千克，精细整地后在大棚内作畦4个，畦宽1.0~1.2米（不包沟）中间两畦种植豇豆，棚边两畦可种植速生的叶菜类。

3. 播种。一般于5月的中下旬至6月上旬在大棚内直播，宜选择抗病虫耐热早熟良种，播种前种子的处理可参考菜豆的栽培一节。幼苗期可结合覆盖遮阳网阻强光以保全苗。

4. 田间管理

（1）防虫网必须全程覆盖　白色防虫网遮光不多，

不需日盖夜揭或前盖后揭，应整个生育期全程覆盖，两边用砖或土压实，不给害虫入侵机会，才能达到满意的防虫效果，如遇大风，还需拉上压网线，以防大风将网掀开。

（2）其他管理　出苗后要及时间苗、补苗。由于整个生长期内气温都较高，植株生长极快，在豇豆开花前，要尽量控制水肥，以防止徒长。6~8月常有暴雨侵袭，注意"三沟"齐备，及时排除多余积水。其他天气保持土壤湿润即可。开花结荚前适当控水、控肥，结荚后可每666.7平方米用氮、磷、钾复合肥30千克于高温干燥天气结合灌水追施。以后每采收2~3次，即浇水施肥一次。当蔓长20~30厘米时及时搭架引蔓。

（三）豇豆秋延后栽培技术

1. 品种选择。豇豆秋延迟栽培应选用前期抗热、后期耐寒的品种，如湘豇3号、之豇28-2、秋豇512号。

2. 播种育苗。大棚豇豆秋延迟栽培既可直播也可育苗，直播的是在前茬作物快要收获完毕，在土壤湿度适宜时，直接在畦面上按一定的株行距播干籽，当第一片真叶展开前，拔除前茬作物，然后中耕培土，进入到豇豆的田间管理；进行育苗的，应采用营养钵等护根容器，露地育苗应注意防雨，大棚内育苗应及时通风降温，防止徒长。

豇豆秋延栽培的播种期比菜豆略早，在长江流域以南地区可于7月中下旬播种。若播种过早，豇豆上市期亦早，价格难上去，经济效益不高；播种太晚，气温下降，光照条件降低,产量上不去。

3. 田间管理。为使秋延迟豇豆能在短时期内获得较高的产量,必须抓好肥水管理,以促其旺盛生长,推迟早衰。肥水管理的原则是前控后促,植株定植后只浇定植水,一次浇足,一般不再浇缓苗水,以避免高温高湿使植株徒长,以后连续中耕培土 2~3 次,以促进根系发育,抽蔓期若气温高、干旱,要及时浇水。初荚期每 666.7 平方米追施氮、磷、钾复合肥 30 千克或人粪尿 1000 千克,进入盛荚期后,每隔 7~10 天浇水一次,每浇 2 次水结合追施尿素 15 千克,一般浇水追肥 4~5 次。

支架引蔓、打杈、摘心等植株调整措施亦不容忽视,豇豆的侧芽可长成侧蔓,消耗养分,故应在打杈时把第一花序以下各节的侧芽全部打掉,当株高 2~2.5 米时及时摘心,每次采收后注意打掉下部老叶、黄叶和病叶。

进入 9 月中下旬后,外界气温渐低,应及时扣棚保温,扣棚后,浇水时要注意通风排湿,以后随气温的降低,应逐渐减少通风,注意保温防寒,尽量使棚温白天为 25℃~30℃,夜间在 15℃以上,以延长豇豆收获期。

第五章　无公害反季节白菜类蔬菜栽培

白菜类蔬菜属十字花科芸薹属，原产我国，栽培历史悠久。白菜类蔬菜种类很多，在南方栽培的主要有大白菜、小白菜和菜苔。每一种类中又有极为丰富的品种。白菜类蔬菜最适宜的栽培季节是在秋、冬季，它要求在温和冷凉的气候条件下生长，在营养生长时期，对温度的要求是由比较高的温度逐渐向比较低的温度转移，一般不耐严寒，也不耐炎热。生产上，利用一定的保护设施，选择不同的种类与品种，可以进行春季、夏季或秋提早等反季节栽培，以提高生产者的经济效益，周年供应市场。

第一节　大白菜

一、经济价值

大白菜又称结球白菜、黄芽白、芽白、包心白或绍菜等，它品种多、适应性强、产量高、品质好、耐贮运、供应期长，是我国南北各地秋冬栽培的主要蔬菜。据不完统计，全国大白菜栽培面积约27万公顷，在华北、东北、西北等地，大白菜栽培面积约占秋菜栽培面积的40%，产量占50%以上。在长江流域，也是主要的秋冬蔬菜之一。

大白菜的食用部分为叶球，叶球营养丰富：每100克鲜菜约含水分95克、碳水化合物1.7克、蛋白质0.9克、维生素C 10毫克以上及较多的纤维素与丰富的矿物质。它可供炒食、煮食、凉拌、做馅或加工腌制。此外，大白菜还有很好的医疗效果，它能刺激胃肠蠕动，防止大便干燥秘结，减少胆固醇的吸收和促进血糖平衡。《本草拾遗》与《纲目拾遗》中有大白菜"甘温无毒，利肠胃，利大小便"和"食之润肌肤，利五脏，且能降气"的记载。

二、生物学特性

（一）植物学特征

1. 根。大白菜根系发达，主要分布在0.4米深的上层土壤中。根系发生时，先主根基部肥大，产生大量的侧根，侧根又分生大量的二级、三级甚至四级侧根，侧根先向水平生长，然后向地下纵深伸长。

2. 茎。大白菜的茎分为短缩茎和花茎两种。营养生长时期为短缩茎，表现出明显的顶端优势，顶芽活动，侧芽一般不活动，形成一个大的叶球。结球期的茎极短，在生长正常的情况下，呈球形或短圆锥形。如果在早期顶芽受到损伤，则侧芽萌动，一般不能形成较好的叶球。大白菜通过阶段发育后，进入生殖生长时期，短缩茎顶芽抽生花茎。花茎一般高60~100厘米，发生分枝1~3次，基部分枝较长，上部分枝较短，种株呈圆锥形。

3. 叶。大白菜的叶有子叶、基生叶、中生叶、顶生叶和茎生叶5种形态。其中子叶肾脏形至倒心脏形，对生。基生叶为对生于短缩茎基部子叶节以上最初生的两片真叶，长椭圆形，有明显的叶柄，无叶翅，与子叶垂直排列成十字形，即所谓"拉十字"。中生叶为互生于短缩茎中部的真叶，倒披针形至阔倒圆形，无明显叶柄，有明显叶翅，叶片边缘波状，叶翅边缘锯齿状。每株由2~3个叶环构成植株的莲座，每个叶环的叶数依品种而不同，或为2/5的叶环（即5叶绕茎2周而成一个叶环，叶间开展角为144°），或为3/8的叶环（即8叶绕茎3周而成一个叶环，叶间开展角为135°）。顶生叶着生于短缩茎的顶端，互生，构成顶芽，形成巨大的叶球，叶环排列如中生叶，外层叶较大，内层叶渐小。茎生叶着生于花茎和花枝上，互生，基部叶片较宽大，上部叶片渐窄小，表面有明显的蜡粉，有扁阔叶柄，基部抱茎。

大白菜叶球的生长过程有充实型、膨大型与中间型三种方式。充实型就是叶球外侧数层的叶片较大，到叶球形成前期，整个叶球几乎已达到成熟时的大小，以后的生长为叶球内部叶片的生长。内部叶片生长愈好，叶球愈充实。膨大型又称连心壮，就是在叶球形成初期，外形较小，但较充实。以后的生长为外叶与内叶同时生长。中间型就是它的生长过程介于充实型及膨大型之间。

大白菜叶球包心的形式可分为褶抱、叠抱、拧抱三种。褶抱就是开始包心时，内叶上部纵向发生裥褶，叶上部大多不向内弯曲或稍向内弯曲，一般不超过球顶的中轴线，俯视可见多数球叶，呈花心形。叠抱就是叶片上部向内相互重叠而抱合，各叶尖端远超过叶球的中轴线，视其球顶则大部分为一叶所盖，故球顶多为平顶形。拧抱又称旋抱，就是开始包心时，内叶上部旋拧，叶球呈细长圆筒形。

大白菜的重要经济性状就是能够形成供食用的叶球，叶球的形态依类型、品种不同而异，有直筒形、倒圆锥形和卵圆形等。叶球颜色有绿色、淡绿色或黄白色等。叶球紧实、细致、软白以及外叶所占比例少，是大白菜优良品种的标志。

4. 花。大白菜的花为总状花序，花黄色，为天然的异花授粉植物，属虫媒花。在遗传上相似的种间及在同一种的不同品种间易于杂交，在留种栽培时需严格隔离。

5. 果实与种子。大白菜的果实为长角果，果实成熟后易开裂，须及时采收。大白菜种子为黄褐色球形，表面有环状单沟，千粒重 2.5~4.0 克，种子发芽力可保存 5 年左右，但生产上宜用 1~2 年的新鲜种子。

（二）环境条件

1. 温度。大白菜喜温和冷凉的气候。生长适温范围为10℃~25℃，高于25℃时生长不良，高于30℃时则不能适应。大白菜能耐轻霜，但不耐严霜，在10℃以下生长缓慢，5℃以下生长停止。当温度达到-2℃时，叶球受冻，但仍可恢复。在-2℃~-5℃以下低温时，受冻严重，不能恢复。对大白菜束叶，可以起到防寒作用。

大白菜不同的生长期对温度的要求不同。种子发芽期适宜温度为20℃~25℃，幼苗期为22℃~25℃，莲座期为17℃~22℃，结球期对温度要求较为严格，以12℃~22℃为适宜，抽薹期以12℃~16℃为最适宜，开花结荚期以17℃~22℃为最适宜。大白菜幼苗对温度的适应性较强，生产上可利用幼苗这一特性，在炎热或寒冷的季节提前播种育苗，进行反季节栽培。

2. 光照。大白菜的光合作用与光照强度关系密切，在适宜的光照强度范围内，随光强的增加，光合作用迅速增加，直至达到或超过光饱和点，光合作用不再加强。在南方栽培结球白菜，光照强度一般能满足要求。大白菜在幼苗期和莲座期，强的光照可促进外叶开张生长，弱光则使外叶直立生长。强光照能加强光合作用，增加营养物质的制造。进入结球期后，仍要求较高的光照条件。在整个生长过程中，晴天多，阳光好，能促进高产。

3. 水分。大白菜叶数多，叶面积大，且叶面角质层很薄，因此蒸腾量很大，对水分需求较多。发芽期和幼苗期的蒸腾作用较小，但因根群还不发达，吸水能力很弱，必须保持土壤湿润。莲座期后，蒸腾作用增加迅速，需水量也大大增加。结球期是大白菜需水很多的时期，必须保证充足的水分供应，但结球后期要节制供水，否则叶球不耐贮藏或叶球开裂。

4. 土壤营养。大白菜对土壤养分要求高，尤其对氮肥要求高。大白菜对N、P、K三要素的吸收，在幼苗期和莲座期较少，而结球期的吸收量约占总吸收量的80%左右。不同生长期对各要素的要求也不一样，莲座期以氮为主，钾次之，磷较少；结球期钾的吸收量高，氮次之，磷较少。生产上应根据大白菜的需肥特点分阶段有重点地施用追肥。

三、类型与良种

(一) 类型

我国大白菜的类型极为丰富，其中有三个基本的类型：

1. 卵圆型。又称海洋性气候生态型，叶球卵圆形，球形指数（叶球高/直径）约为1.5，包心方式为褶抱，顶部尖或稍圆，原产山东胶州半岛，适宜于温和湿润的气候。

2. 平头型。又称大陆性气候生态型，叶球倒圆锥形，上大下小，球形指数接近于1，叠抱，球顶平坦，完全闭合,原产河南中部,适宜于大陆性气候。

3. 直筒型。又称交叉性气候生态型,叶球细长圆筒形,球形指数大于4,拧抱,球顶尖,近于闭合,原产冀东,对气候适应性强,属海洋性和大陆性交叉气候生态型。

以上三个类型为结球白菜的基本生态型,它们之间互相杂交又产生了许多杂交类型,如平头卵圆型、圆筒型、平头直筒型等。

(二) 主要良种

1. 沈阳快菜。系辽宁省沈阳市农业科学研究所选育的早熟一代杂种。外叶淡绿色,叶柄白色,叶球卵圆形,褶抱,球顶略尖,呈花心形。包心块,生长期短,只有50~55天,并且耐热,抗病毒病,适应性强,品质好,可作秋季极早熟栽培,一般每666.7平方米栽4000株左右。

2. 北京小杂56号。系北京市农林科学院蔬菜研究中心选育的一代杂种。外叶浅绿色,心叶黄色,叶柄白色,叶帮较薄。叶球中高桩,外展内包,球形指数约2.1,单株叶球重约2千克,净菜率80%。生长期短,从播种到商品成熟只需55天左右,耐热、耐湿、耐病,适应性强,品质中上等,冬性强,冬春播种不易抽薹,春、秋两季均可栽培,以秋季早熟栽培为主,每666.7平方米产量3500~4000千克。

3. 青麻叶。系天津地方品种。植株较直立，外叶长倒卵形，深绿色，有明显皱纹，呈核桃纹状，叶缘锯齿状，有波状折叠。叶球呈长圆筒形，球叶拧抱，顶部稍尖，微开，单株叶球重3~3.5千克，球叶柔嫩，味稍甜，含水分少，煮食易熟，品质好。对气候适应性强，抗病，耐寒，对肥水要求不严，生长期一般60~90天，产量高，每666.7平方米产量5000~6000千克。

4. 晋菜3号。系山西省农业科学院蔬菜研究所选育的一代杂种。株型紧凑，开展度小，外叶深绿色，叶柄浅绿色，外叶少。叶球直筒拧心形，上下一般粗，包心紧实，心叶浅绿色。单株叶球重约2.5千克，净菜率高达85%，纤维少，煮食绵软，品质好。适应性强，抗病，耐寒，耐瘠薄，耐贮运。灌心速度快，生长期75~80天，适于密植，每666.7平方米产量可达5000千克以上。

5. 鲁白6号。系山东省农业科学院蔬菜研究所选育的一代杂种。外叶淡绿色，叶面较皱，叶柄白色。叶球倒圆锥形，球叶叠抱，球形指数1.4，单株叶球重约3千克，品质优良。生长期55~60天，耐热，抗病，7月底至8月初播种，可在国庆前后上市，适于作秋提早栽培。

6. 鲁白8号。原名丰抗70，系山东省莱州市西由镇种子公司选育的一代杂种。生长势强，外叶较少，叶色淡绿，叶柄白色，帮小而薄。叶球倒圆锥形，球叶叠抱，球心闭合，单株叶球重4.5~6千克，净菜率75%以上，球叶细嫩，品质风味佳。中早熟，生长期70~75天，抗病毒病和软腐病，但对霜霉病的抗性较差，耐肥水，每666.7平方米产量5500千克以上。

7. 山东4号。系山东省农业科学院蔬菜研究所选育的一代杂种。外叶浅绿色，叶柄白色。叶球倒圆锥形，球叶叠抱，单株叶球重6~7千克，球叶白嫩，纤维少，品质好。抗逆性强，耐阴，耐涝，耐旱，抗病。生长期85~90天，生长速度快，包心早，宜适当晚播，可作秋季中晚熟栽培，产量高，每666.7平方米产量7500~10000千克。

8. 山东7号。系山东省农业科学院蔬菜研究所选育的一代杂种。外叶深绿色，叶柄淡绿色。叶球倒圆锥形，球叶叠抱，单株叶球重5~6千克，纤维少，炒食易烂，品质好。适应性广，抗病性强，要求中等肥水条件，生长期85天左右，适于作中晚熟栽培，高产稳产，每666.7平方米产量'7500千克左右。

9. 夏阳白。系日本引进品种。生长势强，外叶深绿色，叶面稍皱。叶球叠抱，结球紧实，质地细嫩，品质好，单株叶球重1~2千克。耐热性强，能耐35~3712的高温。早熟，生长期50~55天，宜作春、夏及早秋栽培品种。

10. 早熟5号。系浙江省农业科学院园艺研究所选育的一代杂种，外叶深绿色，叶面稍皱。叶球叠抱，球形指数1.6，单球重1.5千克左右，球叶质地细嫩，风味佳。适应性强，抗病，耐热。特早熟，生长期55~60天，适宜夏、秋栽培，每666.7平方米产量2000~2500千克。

11. 春大将。早熟春大白菜品种。外叶绿色，叶面稍皱。叶球矮桩形，结球紧实，单株叶球重1.1~2.0千克。冬性强，不易抽薹，耐湿。生长期55~60天，适宜作春大白菜栽培，每666.7平方米产量2500千克左右。

四、栽培技术

（一）春大白菜栽培

1. 品种选择。大白菜属典型的种子春化型蔬菜，在种子萌动以后的任何生长时期都可接受低温春化处理。春季栽培大白菜，在生长期中很容易遇到低温而使大白菜顺利通过阶段发育，引起"先期抽薹"或"未熟抽薹"，从而造成减产甚至失收。针对南方地区春季短、气温低、雨水多、夏季早的特点，宜选择生长期短、抽薹晚、耐热抗病的品种，如春大将、北京小杂56号、春夏阳、无双等品种。

2. 播种育苗。南方栽培春大白菜，宜采用塑料大棚或温室等进行保护地育苗。若采用种子直播者以2月下旬至3月上旬进行为宜；育苗移栽者则可提早在2月中、下旬。若播种过早容易发生先期抽薹，过迟因为生长后期的温度高、雨水多、叶簇开散、结球不紧实、病虫孳生而降低产量和品质。有条件的可在大棚内利用营养钵或电热温床育苗。采用育苗移栽者，每10平方米苗床可播种30~35克种子，可供666.7平方米大田用苗。采用种子直播者，每穴播8~10粒，每666.7平方米用种100~150克。出苗后，要进行及时间苗，拔除劣苗、瘦弱苗，防止幼苗拥挤，保证苗全、苗齐、苗壮。

3. 整地盖膜。春季雨水多，为了便于排水，宜采用深沟高畦栽培，一般畦高0.3~0.4米，畦宽1~1.2米，沟宽0.3米。采用地膜全覆盖栽培，以提高地温，降低湿度，促进生长。地膜覆盖前，结合整地每666.7平方米施入有机肥3000千克或复合肥40千克左右作底肥。早春栽培大白菜最好能在大棚、温室或小拱棚中进行。棚外也应采用深沟排水。

4. 合理密植。春大白菜在3月上旬定植，由于生长期短，植株生长量相对较小，生产上，可进行适当密植，以提高单位面积产量。一般栽植密度以株行距0.3米×0.4米。每666.7平方米栽3000~4000株较为适宜。

5. 田间管理。首先，应注意加强大棚的昼揭夜盖，晚上气温低时进行覆盖保温，白天天晴时揭膜通风降湿。到4月中、下旬可去掉裙膜，只留顶膜。其次，应注意加强排水与施肥。春季雨水多，应疏通排水沟，及时排去多余水分，防止畦面积水。并分别于幼苗期、莲座期、结球期追施1~2次速效肥，促进结球，延缓抽薹。用肥量可比秋季栽培适当减少。再次,应注意加强病虫害防治。春大白菜的病害以霜霉病、软腐病发病较多,虫害则以蚜虫、小菜蛾危害为主。防治霜霉病可用50%的多菌灵可湿性粉剂800倍或25%百菌清500倍液或25%甲霜灵800倍液叶面喷雾;防治软腐病可用200毫克/千克的农用链霉素或敌克松500~1000倍液或50%代森铵水剂800~1000倍液淋蔸或叶面喷雾;防治蚜虫可用40%乐果乳剂1000倍液或70%杀蚜松可湿性粉剂2000倍液或在菜地铺银灰色反光塑料驱避蚜虫,从而也相应减少病毒病危害,防治小菜蛾可用来喜或功夫或农地乐或Bt乳剂500倍液或5%抑太保1000倍液。喷药应尽量在晴天施用,阴雨天可用干细黄土与药剂混匀后撒施。最后,应注意及时采收,一般地,进入4月下旬至5月初应及时采收,以防抽薹而降低产量与商品性。

(二)夏秋大白菜栽培

1. 品种选择。夏秋大白菜栽培正值高温干旱季节,宜选择耐热、生长快、品质好的早熟大白菜品种,如夏阳白、早熟5号、夏抗白45天等。

2. 整地播种。大白菜忌连作,选前茬未种过白菜等十字花科蔬菜的大棚地,土壤要求肥沃、排灌方便。按畦高0.3~0.4米,畦宽1.1米左右整成深沟窄畦,每畦栽3行,沟宽0.3米。南方地区播种时间一般在7月上、中旬。夏秋大白菜栽培一般采用种子直播,株行距

0.3米×0.4米，每穴播3~5粒，每666.7平方米约4000株苗，用种量为100克左右。若采用育苗移栽者，则移苗须早，一般苗龄不要超过3周。

3. 田间管理

（1）苗期管理　播种后（或定植后）必须及时覆盖银灰色遮阳网降温保湿，提高成苗率，促进幼苗生长。一般直播者在播种出苗后覆盖10~15天，育苗移栽者除在苗期覆盖外，定植后还需覆盖10天左右。定植一般选在晴天下午5时以后或阴天进行。对直播者要及时进行间苗、定苗，防止幼苗拥挤。间苗一般分两次进行，第一次在拉十字时淘汰出苗过迟的小苗、劣苗及次等苗。第二次在幼苗出现4~5片真叶时进行，选留生长强健而具有本品种特征的幼苗，认真拔除杂苗、病苗。当幼苗生长到20天后，达到团棵阶段即进行定苗，每穴一株。对缺株的及时进行补苗。

（2）肥水管理　每666.7平方米施腐熟人粪3000千克或50千克复合肥作底肥。幼苗期要勤施薄施，莲座前期和结球始期追施人粪尿，一般每666.7平方米施3~4成浓度的稀粪水2000千克或尿素15千克。夏秋大白菜生育期短，需水分多，同时又不能湿度过高，否则易引起病害，要求每隔3~4天于早晚浇水一次，暴雨时注意迅速排渍。

4. 病虫防治　夏秋大白菜，虫害较多。对于蚜虫、菜青虫、跳甲等害虫，可用功夫或5%抑太保2000倍液或Bt乳剂或25%灭幼脲3号500倍液或40%的氧化乐果或50%辛硫磷1000～1500倍液喷治。对于霜霉病，可用25%的瑞毒霉可湿性粉剂1000倍液，或40%乙磷铝可湿性粉剂200～300倍液，或75%百菌清可湿性粉剂500～600倍液喷治；对于软腐病，可用50%的DT杀菌剂每666.7平方米10支，对水25～30千克喷治；对于炭疽病等，可用70%的代森锰锌可湿性粉剂600～800倍液或50%的多菌灵可湿性粉剂500倍液喷治。喷药均应从发病初期开始，每5～7天喷一次，连喷2～3次。

第二节 小白菜

一、经济价值

小白菜又称不结球白菜、普通白菜、白菜、青菜或油菜等，是我国长江流域普遍栽培的一种大众化蔬菜，其年产量约占蔬菜总产量的30%以上，北方也有栽培。小白菜种类与品种丰富，生长期短，适应性广，产量高，易种省工，可四季栽培，在蔬菜市场周年供应上有十分重要地位。

小白菜以肥厚叶柄和绿色叶片为食用器官，营养丰富，味道鲜美，每100克鲜菜中含水分93～95克、碳水化合物2.3～3.2克、蛋白质1.4～2.5克、维生素C

30~40毫克、纤维素0.6~1.4克。此外，还含有多种矿物质和维生素。小白菜可炒食、做汤和腌制等。

二、生物学特性

（一）植物学特征

1. 根。小白菜须根发达，分布浅，再生能力强，适于育苗移栽。少数主根肥大。

2. 茎。小白菜的茎分为短缩茎和花茎两种。营养生长时期为短缩茎。通过阶段发育后，进入生殖生长时期，短缩茎抽生花茎，花茎分生侧枝，其分枝数、高度及分枝着生角度依品种与栽培条件而异。

3. 叶。着生于短缩茎上的叶，呈莲座状排列，柔嫩多汁，为主要供食部分。一般叶片大而肥厚，叶色浅绿、绿、深绿至墨绿色。叶片多数光滑，亦有皱缩。叶形有匙形、圆形、卵圆形、倒卵圆形或椭圆形等。叶缘全缘或有锯齿，波状皱褶，少数基部有缺刻或叶耳，呈花叶状。叶柄明显肥厚，一般无叶翅，柄色白、绿白、浅绿或绿色，内轮叶片常舒展或近叶片处抱合紧密呈束腰状，叶柄抱合成筒状，基部肥大，呈壶形，俗称菜头，少数心叶抱合呈半结球状，着生于花茎上的叶则均无叶柄，抱茎而生。

4. 花。小白菜的花为总状花序，花色鲜黄至浓黄，为天然的异花授粉作物，属虫媒花。不同品种间易杂交，留种栽培时要严格隔离。

5. 果实与种子。小白菜果实为细长角果，成熟时易开裂，要及时采收，每果有种子10~20粒，种子近圆形，红褐或黄褐色，千粒重1.5~2.2克。种子寿命一般5~6年，实用年限为3年。

(二) 环境条件

1. 温度。小白菜喜冷凉气候，在平均气温18℃~20℃下生长最好，比大白菜适应性广，耐热耐寒力较强。不同的类型和品种，其耐寒和耐热的能力各异，一般地，在-2℃~-3℃下，小白菜能安全越冬，其中塌菜类耐寒性更强，能耐-8℃~-10℃的低温，小白菜经霜雪后，味更甜美。大多数小白菜品种，在25℃以上的高温及干燥条件下，生育衰弱，易受病毒病危害，品质也明显下降，少数品种，如"火白菜"，耐热性较强，利用苗期适应性强的特点，可作夏白菜栽培，但产量较低。

2. 光照。小白菜属长光性植物，在春季长日照条件下抽薹开花。小白菜对光照强度要求中等，在南方栽培小白菜，光照强度基本能满足要求。在较强的光照条件下，植株生长良好，阴雨弱光下，易引起徒长，茎节伸长，品质下降。从光质来看，红光促进生长发育，干物重增加；而绿光抑制生长发育。

3. 水分。小白菜叶大而多，质地柔嫩，蒸腾作用强，需要较高的土壤湿度和空气湿度。若水分不足，则生长缓慢，组织硬化粗糙，易发生病害，特别是夏季气温高，保持土壤湿润是栽培小白菜成败的关键。但小白菜不耐水渍，若水分过多，引起积水，则根系窒息，影响呼吸及养分水分的吸收，严重的会因沤根而萎蔫死苗。

4. 土壤营养。小白菜对土壤的适应性较强，但以富含有机质，保水保肥力强的黏土或冲积土最适。幼苗期对养分要求较少，叶丛旺盛生长时，需要养分最多。N、P、K三要素中，尤以N增产明显，K次之，P的增产效果不显著。

三、类型与良种

（一）类型

小白菜分类方法有很多种，依其对低温感应的不同，可分为春性品种、冬性弱品种、冬性品种、冬性强品种四类；根据其在植物学分类中的地位、生物学特性结合品种的植株性状与栽培特点可分为普通白菜类、塌菜类、分蘖菜类与苔菜类四类；依栽培季节则可分为秋冬白菜、春白菜、夏白菜。

1. 秋冬白菜。秋冬季栽培，次春抽薹早，多在2月抽薹，耐寒性较弱，故称二月白或早白菜，此类型长江流域栽培最多，产量高，品质好，按叶柄色泽又可分为白梗菜与青梗菜两类。如白梗菜有南京高桩、杭州瓢羹白、扬州花叶高脚白、南京矮脚黄、湘潭矮脚白；青梗类有上海矮箕白菜、杭州早油冬、苏州青、常州青梗菜等。

2. 春白菜。冬季或早春种植，春季抽薹之前采收。此类白菜耐寒性强，抽薹晚，多在3～4月抽薹，又称慢菜或迟白菜，按其抽薹早晚又可分为早春菜与晚春菜。如3月抽薹的早春菜有杭州半早儿、晚油冬、上海二月慢、三月慢、南京白叶、无锡三月白等；4月抽薹的晚春菜有杭州蚕白菜、南京四月白、长沙迟白菜、上海四月慢、五月慢、安徽四月青等。

3. 夏白菜。5~9月夏秋高温季节栽培，又称火白菜或伏白菜。此类白菜生长迅速，耐高温、抗病虫，如杭州火白菜、上海火白菜、南京高桩等。

（二）主要良种

1. 上海青。上海地方品种，株型近似直立，束腰，如花瓶状，叶椭圆形，黄绿色而有光泽，全缘，叶面光滑。叶柄匙羹状，肥厚，浅绿色。单株重500~1000克，生长期60天以上。喜冷凉，耐寒，抗病力强，适于秋冬栽培。

2. 四月慢。上海地方品种，植株直立，束腰，叶片椭圆形，深绿色，叶面光滑全缘，叶柄肥厚，扁梗，基部匙形，生长期130~140天，晚熟。抗病，耐寒，抽薹晚。主要适于春季栽培，亦可秋冬栽培。

3. 五月慢。上海地方品种，株型直立，束腰，叶片卵圆形或椭圆形，叶柄绿白色到浅绿色，扁梗，基部匙形，生长期140~150天，耐寒，抽薹迟，主要适于春季栽培，亦可秋冬栽培。

4. 春水白菜。广州地方品种，叶密且厚，深绿色，叶柄早期带青色，后期转白色。单株重300~750克，生长期55~80天，抗病性强，耐寒，冬性强，抽薹迟，主要适于春种，但亦可秋冬栽培。

5. 上海矮箕青。上海地方品种，株型近直立，束腰，叶为肥厚板叶，叶色浓绿，叶柄色淡绿色至绿白色，扁梗，矮桩，品质柔嫩，有特殊青菜味，逢霜雪后味更佳，适于秋冬栽培。

6. 湘潭矮脚白。湘潭市地方品种，株型紧凑，叶丛抱合紧，叶片近圆形，浅绿色，叶柄白色，单株重600~1000克，品质好，味甜，中熟，生长期60~70天，耐寒性较强，适于秋冬两季栽培。

7. 长沙高脚白。长沙地方品种，叶绿色，椭圆形，叶面较光滑，无茸毛，叶缘稍皱。叶柄白色，匙形，喜冷凉，耐寒也耐热，抗病能力强，适应性广，可作热水白菜、秋白菜及越冬早白菜薹栽培。

8. 长沙矮脚白。长沙地方品种，叶浅绿色，椭圆形，叶面光滑，无茸毛，叶缘波状。叶柄白色，匙形，喜冷凉，耐寒，不耐热，适于作秋冬两季栽培。

9. 南农矮脚黄。南京农业大学园艺系育成的四倍体品种。株型直立，叶片翠绿，近圆形。叶柄深阔而短，白玉色，束腰，菜头大，较紧凑，叶甜，品质好，抗霜霉病，抗寒性强，抽薹迟，可作春白菜、秋冬白菜栽培。

10. 矮杂1号。南京农业大学选育的一代杂种。株型直立，生长势强，生长速度快，叶片广卵圆形，淡灰绿色，叶肉较厚，单株重500克左右，生长期45～55天，较耐高温和暴雨，适于作夏白菜栽培。

四、栽培技术

（一）春白菜栽培

1. 品种选择。小白菜属种子春化型蔬菜，南方地区栽培春白菜宜选用耐寒性强、高产、冬性强、晚抽薹的品种，如三月慢、四月慢、五月慢、春水白菜、南农矮脚黄等。

2. 播种育苗。播种时期从先年的11月至当年的3月可分批播种，2～5月陆续上市。既可采用种子直播，亦可育苗移栽。由于早春常有低温寒流，易使小白菜通过春化阶段而引起早抽薹，生产上，可利用保护地如塑料大棚、电热温床等进行防寒育苗，播种量为每666.7平方米用种1～1.2千克。

3. 栽培制度。春白菜有"大菜"和"菜秧"之分，大菜是在前一年晚秋播种，以小苗越冬，次春收获成株供应上市。菜秧则是当年早春播种，采收幼嫩植株供食。小白菜可以连作，但必须清除前茬废叶、烂根和杂草，经翻耕短期炕土后，再播种或定植。小白菜的间套混作制度比较普遍。春小白菜多与茄果类、瓜类、豆类、薯类在大棚内间套作，这有利于保温避霜、保温避寒，有利于缩短生育期，提早上市，改善品质。小白菜适于密植，密植不仅增加单产，而且品质柔嫩，减少病毒病的发生。春白菜栽培，植株易抽薹，主要以采收幼嫩植株供食，栽植距离为20厘米×20厘米，栽植密度可增加到每666.7平方米达12000株以上。

4. 田间管理。春白菜栽培应在冬前和早春增施肥料，使植株充分增长。增施氮肥可延迟抽薹，提高产量，延长供应期。一般地，早春播种，每666.7平方米用腐熟人粪尿1000~2000千克作盖籽肥施下。定植后及时追肥，促进恢复生长。随着白菜个体的生长，增加追肥的浓度和用量。至于施肥方法、时期、用量，则依天气、苗情、土壤状况而异。一般原则是幼株施用量较少，浓度较稀；成株则施用量增加，浓度较大。浇水结合追肥进行。对幼苗移栽者，要注意定植质量，保证齐苗，如有缺苗、死苗发生，宜及时补苗。春白菜栽培一般病虫害发生较轻，蚜虫和菜青虫可用40%的乐果乳剂1200倍液，2.5%敌杀死2500~5000倍液或灭杀毙乳油6000~8000倍液，根据虫情，在出苗后3~5天或在采收前7~10天防治。霜霉病等可用瑞毒锰锌50%可湿性粉剂500~700倍液防治。

5. 及时采收。春白菜易抽薹，应及时采收。一般直播后30~50天嫩苗上市。也可高密度移栽小株上市，苗龄25~30天定植，行距16厘米，株距6~10厘米，定植后25~30天采收。

（二）夏白菜栽培

1. 品种选择。夏季小白菜生长，高温暴雨是影响生长的主要因素。在栽培上,首先应选择抗热、抗风雨、抗病、生长迅速的品种,如矮杂1号、长沙高脚白、杭州火白菜、南京高桩、湘潭矮脚白等。

2. 栽培季节。夏白菜以栽培小白菜为主,自5月上旬至8月上旬可分期分批播种,播后20~30天收获幼嫩的植株上市。其中7月中下旬至8月上旬播种的,经间苗上市一批小白菜,另将间出的苗定植到大田可作为早秋白菜栽培,定植后35~40天上市。

3. 合理密植。夏白菜栽培以种子直播为主,播种量大,采取适当密播可缩短采收期。一般每666.7平方米播种1.5~2千克,株距3~7厘米。采用深沟高畦栽培,要求土壤轻松肥沃,通风透气。

4. 田间管理。夏白菜栽培可利用大棚或小拱棚覆盖银灰色遮阳网,采用全天候覆盖,这样既可降温,又能防雨保湿,大大减轻劳动强度,减少虫害发生,并促进植株生长,提早上市。夏季天旱,小白菜出苗困难,在出苗前每天早晚浇一次水,保证苗期水分供应。刚出芽时,如天气高温干旱,还要在午前或午后浇接头水,保持地表不干,以防炕芽死苗。出苗后应及时间苗,一般播种后10天左右间苗一次,株距3厘米左右,一周后再间一次,株距7厘米左右。齐苗以后每天要浇水,当植株长满畦面时,视天气情况隔1~2天浇1次液态氮肥。浇水应掌握轻浇勤浇的原则,避免在温度高时浇水。每次阵雨后,可用清水冲浇叶面上的泥浆,小白菜生长 20~30 天以后,要及时采收。

第三节 菜 薹

一、经济价值

菜薹包括菜心、紫菜薹、白菜薹和油菜薹等,属十字花科芸薹属芸薹种白菜亚种中能形成花薹的一个变种,为一年生或二年生草本植物,原产中国,是我国南方的特产蔬菜之一。栽培历史悠久,品种资源丰富。在我国长江流域和南方地区,选择适当的品种,一年四季均可生产,在蔬菜周年供应上有重要地位。

菜薹的食用器官是鲜嫩的花薹及薹叶。菜薹品质柔嫩,别有风味,可供炒食、做汤、凉拌等。菜薹营养丰富,每 100 克鲜紫菜薹含水分 92.3 克、蛋白质 1.6 克、碳水化合物 4.2 克、维生素 C 79 毫克及多种矿物质。每 100 克鲜菜心含水分 95.5 克、蛋白质 1.3 克、碳水化合物 2.5 克、维生素 C 34~39 毫克及钙、磷、铁等矿物质。

二、生物学特性

(一)植物学特征

1. 根。菜薹的根系浅,须根多,再生能力强,适于育苗移栽。

2. 茎。菜薹植株直立或半直立,茎短缩,菜薹开始形成时，节间逐渐伸长。菜心的花薹为绿色，紫菜薹的花苔为紫红色，白菜薹的花薹为浅绿色或绿白色，主薹采收后，又可萌发侧薹，花薹为主要的食用部分。

3. 叶。菜薹子叶肾脏形，基叶较多，开展或斜立生长，叶片宽卵形或椭圆形，绿色、黄绿色或紫绿色；叶缘波状，基部深裂或有少数裂片；叶脉明显，叶柄长。随着菜薹的形成，薹叶变细变尖，叶柄变短至无柄叶。薹叶也可食用。

4. 花。菜薹为天然异花授粉作物，为虫媒花，花黄色或白色，总状花序，主花序先开放，然后依次由上而下，第一、第二分枝依次开放。就一个花枝来说，下部花先开放，然后依次向上开放。

5. 果实与种子。菜薹果实为细长角果，成熟时易开裂，要及时采收，每果有种子 15~30 粒。花序顶部的果实一般难以形成种子，留种时，摘除顶部花蕾，有利于提高种子质量，菜薹种子细小，圆形，褐色或黑褐色，千粒重 1.3~1.7 克。

（二）环境条件

1. 温度。菜心耐热，对温度要求不严格。一般地，25℃左右适于种子发芽；15℃~20℃时比较适于叶的生长；在 10℃~15℃，花薹发育较慢，20~30 天可形成质量较好的花薹；在 20℃~25℃温度条件下，虽然菜薹发育较快，只需 10~15 天便可，但花薹细小，质量不佳；

25℃以上发育的花薹，质量更差。花薹形成后期，更不宜有高温。花薹形成前期温度稍高，后期变低，比前期低后期高好，全期高温的则最差。紫菜薹喜冷凉气候，耐寒而不甚耐热，生长发育对温度要求稍严。

2. 光照。菜薹属长日照植物，但对光照长短的要求不严格，光照长短对发育进程的影响不大，主要决定于温度条件，菜薹对光照强度要求中等，在较强的光照条件下，植株生长良好，阴雨弱光下，易引起生长不良。从光质来看，红光、蓝紫光促进生长发育；而绿光抑制生长发育。

3. 水分。菜薹根系浅，吸收面积较小，吸收能力较弱，但单位面积上植株密度大，若水分不足，则生长缓慢，组织硬化粗糙，提早抽薹。栽培菜薹，需经常保持土壤湿润，但菜薹也不耐水渍，若水分过多，则抑制抽薹，且易发生病害，湿度大时易使收获后切口感染软腐病，不能萌发侧薹，而影响产量。

4. 土壤营养。菜薹对土壤营养要求较高。施肥宜用腐熟的有机肥作基肥，速效性的完全肥作追肥。偏施速效性氮肥能延缓抽薹，降低品质，生产上应注意克服。

三、类型与良种

(一) 类型

收获菜薹的蔬菜有很多类型，依种类来分，有菜心、紫菜薹、白菜薹、油菜薹等。依对温度的适应性和栽培季节可分为三种类型。即早熟种，植株较小，耐热，生长速度快；中熟种，植株中等，较耐热；晚熟种，菜薹粗大，产量高，但耐热性差。

（二）主要良种

1. 四九菜心。系广州郊区地方品种。株高40厘米左右，开展度40厘米左右。叶片长椭圆形，长约22厘米，黄绿色。叶柄浅绿色，长约13厘米，4~5片叶时开始抽薹。主薹高22厘米，横径1.5~2.0厘米，黄绿色，基部节间较密，侧薹少。薹叶狭小卵形，早熟生长快速，播种至收获28~38天。抗病，耐热，耐湿。耐高温、高湿不良气候的适应能力较强。抽薹整齐，可延续采收10天左右，每666.7平方米产菜薹400~1250千克。

2. 全年心。系广州郊区地方品种。株高31厘米，开展度23厘米。叶片长卵形，长17厘米，宽9.5厘米，黄绿色。叶柄长8.2厘米，浅绿色。4~5片叶时开始抽薹，主薹高33厘米，横径1.4厘米，黄绿色。薹叶狭长形，侧薹生长势中等，每株可收侧薹2~3根，一般只收主薹，品质好。早熟，生长期45~60天。抽薹快，由播种到初收35~45天，延续收获10~15天。耐热、耐雨能力较强，每666.7平方米产菜薹500~1500千克。

3. 迟菜心2号。系广州市蔬菜科学研究所育成的品种。株型较矮壮，略具短缩茎。基叶15~16片，绿色，卵形，叶缘波状，基叶向内扭曲。叶柄长7~8厘米，半圆形。从12~14片叶开始抽薹，薹高约25厘米，横径2厘米，花序大，薹叶柳叶形，菜薹油绿有光泽，不易空心。抽薹整齐，可收侧薹，品质好。中晚熟，从播种至初收约需60天。抗病力较强，耐肥，适应性广。冬性稍弱，遇10℃以下低温则提早抽薹。每666.7平方米产菜薹900~1250千克。

4. 迟心29号。系广州市蔬菜科研所育成的品种。株型稍大，株高40~45厘米，开展度33厘米。侧芽稍强，基叶丛生，柳叶。约长出13~15片叶时开始抽薹；薹叶细小，呈剑叶形，薹色深绿带光泽，薹高31~32厘米，横径1.8~2.0厘米。大花球，齐口花，品质优良。迟熟，生长期75~85天。耐霜霉病和软腐病，对低温阴雨有较强的适应性，冬性较强，每666.7平方米产菜薹1000~1250千克。

5. 竹湾早菜心。系广西梧州市地方品种。株高39厘米，开展度37厘米。最大叶片长21厘米，宽9厘米，绿色，狭长形。叶柄长10厘米，宽0.9厘米。4~5片叶时开始抽薹。主薹高25~28厘米，横径1.4厘米，绿色，薹质脆嫩，品质好。早熟，生长期50~55天，播种至初收40天，延续收获10天左右。耐热，耐湿，适宜早播。每666.7平方米产菜薹1000千克左右。

6. 竹湾迟菜心。系广西梧州市地方品种。植株高大，株高58厘米，开展度34厘米。叶片稍大且密，最大叶片长25厘米,宽11厘米,长椭圆形,青绿色,腋芽多而壮,主薹短嫩,品质好。晚熟,播种到初收55天。耐寒,产量高,每666.7平方米产菜薹1500~2000千克。

7. 早红菜。别名阉鸡尾,系湖南长沙市郊区地方品种。株高51.4厘米,开展度56.7厘米。叶绿色带紫,卵圆形,叶长42厘米,宽21厘米。叶面微皱,蜡粉少,全缘,叶柄紫红色,半圆形,长20.1厘米。薹叶狭长,剑形,形似阉鸡尾。主薹紫红色,长36厘米,粗2.3厘米,每根重120~160克。单株总薹数8~12根。菜薹细嫩,薹叶稀少,品质中等。生长期110~120天。喜温和冷凉气候,耐热,生长快,冬性弱,抽薹早,每666.7平方米产菜薹1500~1700千克。

8. 迟红菜。系湖南长沙市郊区地方品种。株高56.8厘米,开展度78.8厘米。叶暗紫色,近圆形,长30.5厘米,宽23.4厘米,叶基部有叶耳1~3对,叶缘波状,叶面光滑平整,蜡粉多,叶柄紫色,匙形,呈棱状突起,长24.2厘米。薹叶短而宽,主薹暗紫色,长50厘米,粗3.0~3.5厘米。主薹每根重200~240克,单株总薹数12~16根,品质中等。晚熟,生长期190~200天。喜冷凉,耐寒,不耐热。冬性强,抽薹迟,每666.7平方米产菜薹2000~2500千克。

9. 十月红。系华中农学院选育的品种。株型中等大,叶簇较开张,株高50厘米左右。基叶绿色,广卵形,基部有不规则的叶翼，叶缘微波。叶面光滑，有蜡粉，叶柄和叶脉均为紫红色。薹生叶少而小，披针形，无叶柄，紫红色。薹高30厘米，粗1.8厘米，深紫红色。早熟，播种后60天左右开始采收，抗寒性较强，抗病力较差，每666.7平方米产菜薹1500千克。

10. 湘红一号。系湖南省蔬菜研究所选育的杂种一代品种。极早熟，从播种到开始采收仅需45天，为目前国内最早熟品种。耐热，抗病性强，在长江中下游7~9月均可播种栽培。菜薹肥嫩，品质佳，菜薹深紫色，无蜡粉，薹生叶少而小，鲜嫩诱人。早期产量高，经济效益好，夏秋栽培每666.7平方米产1500千克左右，秋季栽培1500~2000千克。

11. 湘红二号。系湖南省蔬菜研究所选育的杂种一代品种。早中熟，耐热，耐寒，从播种到开始采收60~70天。植株生长势强，抗病，适应性广。菜薹肥嫩，品质好，侧薹鲜重60~80克，薹生叶3~4片，大小适中，菜薹紫色．有少量蜡粉，味甜，柔软无粗纤维。产量高，每666.7平方米产2500千克左右，宜在长江中下游作秋冬栽培。

12. 湘红三号。系湖南省蔬菜研究所选育的杂种一代品种。菜薹十分肥大似莴笋，主薹直径3~6厘米，单薹鲜重300克左右，薹生叶少，粗纤维少，风味独特。较耐寒，不耐热，抗逆性中，耐贮运。产量极高，每666.7平方米产3000千克以上,适宜在长江流域作中晚熟秋冬栽培。

13. 湘红四号。系湖南省蔬菜研究所选育的杂种一代品种。菜薹肥嫩,直径2.5~3.0厘米,鲜重100克左右,比一般品种重一倍,品质极好。菜薹紫红色,无蜡粉,薹叶小而少,肉质细嫩,味甜。中晚熟,植株耐热中,耐寒,播种后85天采收。产量高,每666.7平方米产2800千克左右,长江流域宜作中晚熟秋冬栽培。

14. 金秋红一号。特早熟,丰产型最新优良品种。耐热耐寒性较强,播种后60天左右可采收,早期产量高。植株中等,叶丛开展度较大。叶绿,中肋、叶脉、叶柄、薹子均为紫红色。薹粗壮,口感脆嫩,品质佳,食用率高。

15. 金秋红二号。早中熟丰产型新优品种。耐热耐寒性较强,长势及分枝较强,抗病抗逆性佳,前期产量比同类品种均高约20%~30%,是目前国内红菜薹中优良品种之一。叶柄及叶脉紫红色,薹较粗,色鲜紫红,味美质细嫩。若栽培得当,每株侧薹15根左右,每666.7平方米产菜薹最高可达2500~3500千克。

16. 金秋红三号。中晚熟,丰产型优良品种,耐寒性强。植株半直立,下部叶片近圆形,紫绿色,叶脉粗大显著,叶柄及叶脉紫红色。薹子粗壮,暗红色,质嫩,味微甜,品质佳。属目前国内菜薹中薹子最粗壮的高产品种之一。

四、栽培技术

(一) 菜心抗高温栽培

1. 品种选择。高温季节栽培菜心,宜选择极早熟、耐热、耐湿、抗病。对温度反应敏感的菜心品种,如四九菜心、竹湾早菜心、全年心等。它们生长期短,生长迅速,从播种至采收仅需 20~30 天,可延续采收 10 天左右。

2. 栽培方式。在 5~10 月,宜选前茬未种白菜类的大棚土,整成宽约 1 米的畦,可穴播、条播或撒播,也可育苗移栽。撒播每 666.7 平方米用种量 0.5 千克,条播可按行距 0.3 米~0.4 米开条播沟,出苗后,根据苗情疏间 1~2 次苗,并定苗,使株距适当,可适当密植。

3. 田间管理。在育苗期或定植后前期晴天和雨天盖遮阳网,晴盖阴揭,昼盖夜揭,雨前盖,雨后揭。培育嫩壮苗,嫩的要求是有适当的发育;壮苗则要求有良好的生长基础,预防过早发育抽薹。壮苗标准为:主根正常,须根较多;胚轴短,子叶完整、青绿;叶长椭圆形,色油绿;叶柄较长,青绿色;生长势强劲。要求基肥每 666.7 平方米施腐熟人粪尿或猪粪 1000 千克,配施磷肥 25 千克,钾肥 10 千克。追肥以氮肥为主,在真叶以后每隔 4~5 天施肥一次,每 666.7 平方米施尿素 10 千克或适量人粪尿。菜心不耐旱,要经常保持土壤湿润,并及时防治病虫害,防治方法参考小白菜部分。

4. 采收。在菜薹长至齐叶尖端并初开花时采收。这时薹长15~25厘米,横径1.5厘米左右,单薹重35~40克。采收要及时,否则易老化,品质变劣,高温季节栽培菜心,一般只收主薹一根,采收时尽量齐基部采收。

(二) 红菜薹抗高温栽培

1. 品种选择。早秋高温季节栽培红菜薹,宜选择早熟、耐热、耐湿、抗病的品种,如十月红、长沙早红菜、金秋红一号、湘红一号等。

2. 培育壮苗。紫菜薹的根系再生能力强,适于育苗移植,紫菜薹对温度要求较严,播种期为7月中、下旬,播种过早,不必要地延长营养生长并且易遭受病毒病和软腐病的危害。每10平方米苗床播种11~15克,可供150平方米大田用苗,待幼苗真叶抽出后开始间苗,保持苗距6~10厘米,苗龄以25天左右为宜。

3. 整地施基肥。选前作未种过十字花科蔬菜的土地,整成深沟高畦,株行距33厘米×66厘米,结合整地,施足基肥,基肥以每666.7平方米施入腐熟人粪尿或猪粪1000千克,钾肥10千克,磷肥25千克。

4. 田间管理。在育苗期和定植后前期采用银灰色遮阳网覆盖。幼苗定植后浇压根水,成活前保持土壤湿润,促进幼苗恢复生长。成活后及时追肥,追肥以氮肥为主,除人粪尿以外,也可用尿素,每666.7平方米大田每次施7~8千克。每隔4~5天施肥一次,浇水结合施肥进行,保证肥、水充足。

5. 采收。主薹生长到一定程度便应及时采收,主薹不掐,侧薹不发。主薹采收后,基部腋芽相继抽发侧薹,侧薹采收后,其基部的腋芽又可再发侧薹。采收时从菜薹的基部割取,留下的腋芽少,以后抽发的侧薹才粗壮。切口略倾斜,避免积聚肥、水,减少软腐病发生。

第六章 无公害反季节甘蓝类蔬菜栽培

甘蓝类蔬菜种类较多,主要种类有食用叶球的结球甘蓝和抱子甘蓝;食用肥大球状肉质茎的球茎甘蓝;食用肥嫩花球和花枝的花椰菜(俗称白花菜)和青花菜;食用嫩叶和薹的芥蓝等,是一大类重要的世界性蔬菜。甘蓝类蔬菜产量高、品质好、营养丰富,如结球甘蓝每100克食用部分含维生素C 39毫克、钙100毫克、磷56毫克。甘蓝类蔬菜还含有较多的胡萝卜素、铁等,对人体的血液循环有促进作用。此外,甘蓝类蔬菜具有分解亚硝胺的作用,是一类抗癌蔬菜,尤以青花菜效果最佳。

甘蓝类蔬菜种类多,适应性广,耐贮运,可在春、夏、秋等主要季节栽培,在蔬菜周年生产和均衡供应中占有重要地位。就不同种类而言,各地栽培规模不同,结球甘蓝为全国普遍栽培,面积最大,花椰菜南方栽培较多,球茎甘蓝以北方栽培居多,芥蓝在华南栽培较普遍,其他地区则相对很少,青花菜栽培面积很小,仅作高档蔬菜少量栽培。

第一节 结球甘蓝

一、经济价值

结球甘蓝简称甘蓝,又叫包菜、圆白菜、洋白菜、卷心菜、莲花白、茴子白、椰菜等,是十字花科芸薹属甘蓝种中能形成叶球的一个变种。结球甘蓝营养丰富,球叶质地脆嫩,可炒食、煮食、凉拌、腌渍或干制,外叶还是畜禽和鱼的好饲料。结球甘蓝品种丰富,适应性和抗逆性较强,可在不同季节播种栽培,是我国主要的秋冬蔬菜之一,也是重要的春夏蔬菜。

二、生物学特性

(一) 植物学特征

结球甘蓝的根为圆锥根系,主根基部肥大,并分生出许多侧根,主、侧根上常发生须根,形成极密的吸收根网。根系入土不深,主要分布在30厘米以内的土层中,抗旱能力较弱。但断根后再生能力强,容易发生新根,采用育苗移栽效果好。

结球甘蓝的茎分为营养生长期的短缩茎和生殖生长期的花茎。短缩茎虽在莲座期和结球期稍有伸长,但在整个营养生长阶段基本呈短缩状。通过低温春化和长日照以后,进入生殖生长阶段,此时抽出的薹为花茎,花茎上分枝生叶,形成花序。结球甘蓝如果不形成叶球就直接抽薹开花的叫"未熟抽薹"或"先期抽薹",在南方越冬栽培的春甘蓝中较常遇到,是必须加以克服的不良现象。

结球甘蓝的叶片,其形态因生长时期不同而有显著变化,子叶呈肾形对生,第一对真叶对生,与子叶垂直,无叶翅,叶柄较长,幼苗叶呈卵圆形或椭圆形,互生在短缩茎上。莲座叶呈扇形,单叶面积大,是强大的同化器官。早熟品种的莲座叶12~16片,中晚熟品种为18~30片。结球甘蓝的叶片宽大,光滑无毛。表面披白色蜡粉,可减少蒸腾失水,这是干旱条件下形成的一种适应性,环境越干燥,叶表白色蜡粉越多。当莲座叶生长到一定数量后进入包心期,逐渐形成紧密充实的叶球。叶球的紧密度依叶球短缩茎的节间长度而有不同,节间短者则着叶密、包心紧,因而形成品质优良的叶球。

(二)环境条件

结球甘蓝属二年生蔬菜,在适宜的气候条件下,它于第一年生长出根、茎、叶等营养器官,形成叶球,经过冬季低温春化阶段和翌年长日照阶段,随即进行生殖生长进而开花结实,对结球甘蓝栽培而言,只需要经历营养生长阶段,收获叶球。因此,从播种到收获则只经过发芽期、幼苗期、莲座期和结球期,而各个时期对环境条件要求不同。

1. 温度。甘蓝性喜温和冷凉气候,不耐炎热,较耐寒。对温度的要求一般说来以15℃~25℃为最适宜,发芽期以25℃最适适宜，20℃～25℃时适宜于莲座叶生长，进入结球期温度应适当低些，以15℃～20℃最好。对高温的适应能力以幼苗期和莲座期较强，进入结球期要求温和冷凉的气候，高温会阻碍包心过程，若遇高温干旱，则会造成叶球松散，产量下降，品质变劣，甚至使叶球散开。但温度过低（10℃以下）也会造成球叶生长过慢，叶球变小，产量低。

甘蓝对低温的忍受力以健壮成长的植株和叶球最大，前者可耐-3℃～-5℃低温甚至更低温度，而叶球能耐-6℃～-8℃或更低的暂时低温。因此，甘蓝在南方可露地越冬栽培。

2. 水分。甘蓝要求湿润的环境条件，不耐干旱，一般以80%左右的空气湿度和70%～80%的土壤湿度为最好。如果气候干燥土壤水分不足，则生长迟缓，包心延迟，叶球疏松。因此，南方栽培秋甘蓝时应注意灌水保湿。

3. 光照。甘蓝是喜光的蔬菜。光照不足时幼苗期表现为茎部伸长，成为高脚苗；莲座期表现为基部叶萎黄，提早脱落，新叶继续散开，结球延迟。总体而言，幼苗期和莲座期光照要求较强、较长，有利于形成旺盛的莲座叶，从而为结球打下基础；结球期光照应适当转弱、变短，以促进结球。

4. 土壤营养。甘蓝是喜肥、耐肥蔬菜，对土壤要求较高，要求肥沃湿润的地块，并重施基肥。对三要素的吸收，以氮、钾为多，磷较少。在不同时期对三要素要求不同，幼苗期和莲座期需较多的氮素，特别是莲座期达到高峰。甘蓝在幼苗期和莲座期对钾的吸收少，但在结球开始以后就迅速增加，收获期吸收量最大。对磷的吸收与钾类似。

三、类型与良种

（一）类型

1. 植物学分类法。按植物学分类方法，甘蓝可分为：①普通甘蓝：叶面平滑，无明显皱纹，叶中肋稍突出，叶色黄绿至深绿，为我国和世界各地栽培最普遍、面积最大的一类。②紫甘蓝：叶面与普通甘蓝类似，平滑无明显皱纹，但其外叶、球叶均为紫红色。炒食时转为紫黑色，不甚美观，一般宜凉拌生食。栽培面积很小，我国仅少数大中城市郊区作特色菜种植。③皱叶甘蓝：叶色似普通甘蓝，叶片表面皱缩。球叶质地柔软，风味好，栽培面积也较小。生产上多为普通甘蓝。

2. 叶球形状分类法。依叶球形状不同，甘蓝可分为：①平头型：植株较大，叶片开张，叶球扁圆形，叶球内中柱短缩，包心紧实，品质好，产量高，耐贮运，多为晚熟或中熟品种，为南方各省秋冬主栽类型。②圆头型：植株中等，开张度稍小，叶球呈圆球形，结球较紧实，一般为早中熟品种。在南方各省作越冬栽培，但易发生先期抽薹。③尖头型：植株较小，叶球小而尖，呈心脏形，叶片长卵形，中肋粗，结球较松。早熟，产量较低，一般作春甘蓝栽培，不易先期抽薹。

（二）良种

1. 京丰1号。该品种具有丰产性好、整齐度高，适应性广等优点，属中晚熟品种。叶球扁圆形、浅绿色，结球紧实，单球重1.5~2千克，每666.7平方米产量为4000~6000千克。既可作秋甘蓝栽培，也可作春甘蓝栽培。

2. 春丰。为早熟春甘蓝品种，耐寒，不易先期抽薹。南方可露地越冬。叶球牛心形，单球重1.2~1.5千克，每666.7平方米产量为2500~3000千克。

3. 中甘8号。植株幼苗真叶呈倒卵圆形，深绿色，叶球扁圆形，结球较紧实，单球重1.5千克左右，一般每666.7平方米产量在4000千克左右。耐热性强，适应性广，可作夏甘蓝或秋甘蓝栽培。

4. 中甘11号。植株幼苗真叶呈卵圆形，深绿色。叶球近圆形，单球重0.8千克左右，每666.7平方米产量为3000千克。本品种早熟，定植后50多天可以收获，不易先期抽薹，主要作春甘蓝栽培。

5. 夏王。抗热性极强，早熟、抗病。叶球扁平，结球紧实，单球重1.2~1.5千克。定植至收获约需60天，适宜作夏甘蓝和早秋甘蓝栽培。

6. 夏光。植株较高。开张度大,外叶灰绿,略皱缩,有缺刻。叶球扁圆形,绿色,单球重1.5千克左右。属早中熟品种,耐热性强,适于越夏栽培。

7. 鸡心。植株开张度较小,外叶少,叶卵圆形,叶尖钝圆,叶色深绿,叶球尖头心脏形,单球重0.5千克左右。早熟,耐寒,在长江中下游多作越冬栽培。

8. 牛心。植株开张度比鸡心稍大,外叶较多,叶卵圆形,叶尖钝圆,叶球尖头心脏形,单球重1千克左右。早熟,耐寒,在长江中下游作越冬栽培。

四、栽培技术

甘蓝在南方大部分地区,一年可生产两季或三季,一般秋季播种、冬季收获,称为秋甘蓝;而10月份播种,幼苗越冬,翌年4~5月份收获,称春甘蓝;早春播种,5~6月收获的也称春甘蓝;还有4~5月播种,7~9月收获的,称夏甘蓝。为获得优质高产,一般以秋季或早秋栽培为最适宜。

(一) 早秋甘蓝栽培

1. 品种选择。早秋甘蓝播种较早,一般在6月中下旬,此时气温高、有时出现干旱,因此要选择个体小、生长期短、抗热能力强的甘蓝品种,如中甘8号、夏王等,以达到早播早收的目的。

2. 播种育苗,培育壮苗。在炎热的6月上、中旬播种,必须精心设置苗床并采取遮荫措施。①苗床设置:苗床地要选择通风凉爽、土壤肥厚、排水良好的地块。清除前茬作物的残株及根叉，进行深翻烤土，播种前耙碎土块，做到颗粒细碎、上细下粗，整土时每666.7平方米苗床施人粪水1500千克左右，并撒施土杂肥和少量钙镁磷肥，待床土稍干后浅锄一次，使土壤疏松，作成宽1.2米、长10~20米的苗床。苗床播种以稀播为宜，每666.7平方米苗床需播种1千克，可栽20倍苗床面积的大田。播种后再覆盖一薄层细土，最后在床面盖一薄层稻草和覆盖一层黑色遮阳网，播种以后几天内，要注意察看苗床干湿情况，床面干燥时应注意浇水，出苗前根据天气情况，每天早晚各浇水一次。保持苗床湿润。②搭建凉棚。早秋甘蓝育苗最好选择在塑料大棚、中棚内进行，这样便于在棚顶覆盖遮阳网来遮光降温保湿，也可在棚内拉压膜线进行棚内覆盖。如没有现成棚架，则须搭建凉棚。凉棚以粗木梢、竹竿、水泥柱为材料，在苗床四周打桩立柱，在立柱上用竹竿、木梢连接成棚架，架高一般在1.2~1.3米。棚架以遮阳网或芦苇帘为覆盖物，苗床东西南侧覆盖物离地面40~50厘米，以便早晚幼苗照光。为防止覆盖物滴水冲击幼苗，应在大暴雨或阵雨前临时再盖一层塑料薄膜。覆盖物要按时揭盖，不能全天候覆盖，否则会造成幼苗细瘦不壮实。一般晴天上午10时盖上，下午4时揭去，阴天不盖，使幼苗经受稍低的夜温锻炼，提高抗逆力，培育壮苗，育苗期间应根据幼苗生长情况适当浇肥，一般以

2~3成稀粪水为宜。

育苗期间要进行间苗。幼苗出现真叶后进行第一次间苗,选留节间短粗、叶片正常的幼苗。如经一次间苗仍较拥挤,还需第二次、第三次间苗。

3. 整地作畦,施足基肥。甘蓝根系较浅、喜湿润环境、喜肥好肥,因此栽培甘蓝的地块必须土层较肥沃、团粒结构好、保水保肥能力强。在整地时做到深耕细耙,作畦前通过耕耙使土壤疏松、田块平整、细碎、肥力均匀。整地时施足基肥,每666.7平方米施菜饼75~100千克、复合肥20~30千克、钙镁磷肥40千克,或腐熟厩肥3000千克、钙镁磷肥30千克、草木灰100~150千克,一般在最后一次耕地时施入,甘蓝要求土壤湿润,但不能渍水,否则易患根部病害,为便于灌溉和排水,一般要求高畦,畦高20厘米左右,畦宽1.5米,每畦栽4行为宜。

4. 适时定植,合理密植。苗龄在30~40天,幼苗具有6~7片真叶时即可定植,以免秧苗老化,影响定植后还苗,早秋甘蓝一般在7月中、下旬至8月初定植。定植在阴天或晴天傍晚气温较低时进行,以利于活棵。早秋甘蓝由于生长期较短、个体也较小,通常栽培较密,每666.7平方米栽2600~2800株。定植前将苗床浇一次透水,起苗时可以多带土,减少断根,促进成活。定植后立即浇10%的稀粪水压蔸,并覆盖遮阳网降温保湿,以利于幼苗成活,定植后3~4天内还应视天气情况适当浇水,直至活蔸为止。

5. 田间管理。早秋甘蓝生长期较短,因此定植还苗后应转入肥水管理阶段。追肥一般分 4~5 次进行,重点放在莲座期和结球中期。第一次在幼苗定植发新根时轻施"提苗肥",浓度以 10%~20% 为宜。第二次追肥在莲座叶生长初期,用 30% 稀粪水加少量尿素进行。第三次在莲座叶生长盛期,在行间开沟埋施粪肥和尿素,施后封土并适当灌水,此期肥料称"开盘肥"。结球前期和中期还应加大施肥量,在追施氮素肥料的前提下加施草木灰或无机钾肥,以增加钾素供应,促进莲座叶中碳水化合物向叶球转移,提高叶球品质,此期追肥为"结球肥"或"包心肥"。

甘蓝在莲座期和结球期,叶面积大、生长迅速、需水多,因此结合追肥还应以沟灌方式或浇水方式补充水分,但灌水后立即排除沟内余水,防止浸泡时间太长发生沤根。叶球采收前 10 天左右应停止灌水,以防叶球开裂。

从定植成活到植株封行前需进行 2~3 次中耕,'中耕按前深后浅的原则进行,通常结合施肥完成。

早秋甘蓝栽培常见的病害有黑腐病和软腐病。对黑腐病可在发病初期喷抗菌剂"401"600 倍或 0.3%~0.4% 石灰倍量式波尔多液 1~2 次。防治软腐病主要是在发病初期喷洒 65% 代森锌 600 倍液或 50% 多菌灵 600 倍液,每隔 6~8 天喷洒一次,连喷 2~3 次。常见的虫害有小菜蛾、菜螟、菜青虫等，防治小菜蛾的药剂可采用2.5%溴氰菊酯乳油6000～8000倍液或80%敌敌畏乳剂1000～1500倍液，防治菜螟可采用50%马拉硫磷800～1000倍液或2.5%敌杀死液6000～8000倍。杀灭菜青虫常用药剂是20%杀灭菊酯4000～5000倍液或青虫菌1000倍液，共喷2～3次。

早秋甘蓝一般在9月下旬到10月初收获。

（二）春甘蓝栽培

春甘蓝在南方是进行越冬栽培，10月份播种，以小苗越冬，翌年春季开始迅速生长，4～5月结球并采收，春甘蓝在缓和南方普遍存在的4～5月蔬菜供应的淡季即"春淡"中有重要作用。进行春甘蓝栽培必须掌握以下技术：

1. 选择适宜品种。作春甘蓝栽培的品种必须是冬性强（即对低温、长日照反应不敏感）、不易未熟抽薹的早熟品种，如"鸡心甘蓝"、"牛心甘蓝"、"春丰"、"中甘11号"等。对品种选择是春甘蓝栽培获得成功的前提，否则会发生"未熟抽薹"，造成失收。

2. 适时播种。适时播种是防止春甘蓝未熟抽薹的最关键措施之一。播种太早，越冬时植株较大，就越易发生未熟抽薹，播种过晚，越冬时幼苗过小，固然不易未熟抽薹，但次年春季温暖气候来到时，生长较慢，生长量小，难以在高温季节来临前完成结球，从而影响产量和叶球紧实度。湖南一般在10月中下旬播种,"鸡心"、"牛心"等品种还可适当提前至10月上旬播种,争取次年早熟上市。对于春甘蓝幼苗培育可参考早秋甘蓝栽培。播种后覆盖碎草,必要时进行盖膜防雨。

3. 假植控肥。育苗过程中注意防止幼苗过快生长,苗床也不宜经常施肥,以免幼苗越冬时植株过大,经冬天低温和春天长日、温暖天气后抽薹开花。苗期适当控制水肥。若发现秧苗有生长太旺的迹象,可采取"假植"(排苗)措施,造成部分断根,在一定程度上抑制幼苗的生长。但要注意不能过分抑制秧苗生长,否则会引起幼苗老化,影响结球。

4. 适时定植。湖南一般在冬至前定植,定植再迟遇严寒发生冻害。鸡心、牛心等尖头型品种可在11月中下旬定植,平头型品种安排在12月上旬。

5. 科学追肥。春甘蓝追肥一定要合理慎重。追肥太早太猛,易引起植株生长量大,越冬后未熟抽薹率高,而片面顾虑未熟抽薹,控水控肥过度,又会造成产量下降、结球不好。因此,在进行春甘蓝追肥时应掌握一个基本原则即"冬季控苗,春季促长"。冬季温度低生长缓慢,要严格控制追肥,使幼苗处于越冬状态,春季回暖,幼苗生长加快,需要追肥。

幼苗定植后施一次稀薄粪水,促幼苗生长,以后冬季一般不再追肥。开春后气温回升,追施1~2次3成浓度的人畜粪水并加少量尿素。春分前后重施一次追肥，促莲座叶快速生长，为丰产打下基础，此次可每666.7平方米施尿素10~15千克。在结球前、中期再重追一次，促叶球形成和结球紧实，每次每666.7平方米施尿素10千克左右、氯化钾4~5千克。以上施肥，应充分体现"惊蛰提苗，春分催盘，五月促球"的原则。

6. 防止未熟抽薹。①选用冬性强、不易抽薹的品种。②掌握适宜的播种期，一般在10月份播种。③适时定植，宜在11月中下旬至12月上旬完成。④为控制幼苗生长过大，可假植控苗。⑤合理追肥，冬前少施薄施，春季重施浓施。⑥激素处理，若春甘蓝冬前生长过快，冬季气温又很低，则可用马来酰肼（MH）、比久（B-9）或矮壮系（CCC）溶液喷洒植株，可抑制抽薹。

第二节 花椰菜

花椰菜又名花菜、菜花，为十字花科芸薹属甘蓝种中能形成花球的一个变种，属一二年生草本植物。

一、经济价值

花椰菜的产品器官为洁白的短缩肥嫩花枝和花蕾而组成的花球，纤维含量少，风味鲜美，营养丰富，是人们喜爱的蔬菜。花椰菜除可作为新鲜蔬菜炒食、凉拌外，还可以脱水加工可制成罐头食品。

花椰菜为我国南方地区秋冬主栽种类之一。由于其类型丰富、品种多,利用排开播种,分批上市,加上适当的贮藏保鲜措施,不少地区除了最炎热的7~8月难以供应外,其他月份都有花椰菜面市。特别是近年来,在福建、云南、广东等地建立了花椰菜生产基地,冬季"南菜北运",满足了全国各地的需要,使花椰菜在蔬菜周年供应中占有愈来愈重要的地位。

二、生物学特性

(一) 植物学特征

花椰菜根系较发达,主根基部肥大,上生许多侧根,主、侧根上发生须根,形成极密的网状圆锥根系。根群大多分布在30厘米以内的土层中。主根不发达,根群入土不深,因此花椰菜抗旱能力较差,易倒伏。根系再生能力强,断后易生新根,故适合育苗移栽。

花椰菜在营养生长期,为粗壮的短缩茎,其上着生叶片,腋芽在整个生长期一般不萌发。

花椰菜的叶呈卵圆形或狭长椭圆形,基部叶片有叶柄,上部叶片叶柄不明显。心叶合抱或拧合,心叶中间着生花球。叶片有浅绿、绿、灰绿、深绿4类。幼叶叶面平滑,叶多为全缘,莲座叶叶面有皱褶,叶缘有波状,叶表披白色蜡粉。

花椰菜的花球是营养贮藏器官,着生在短缩茎的顶端、心叶中间。一般品种花球乳白,但也有少数紫红色的品种。花球由肥嫩的主轴和很多肉质花梗及绒球状的花枝顶端组成。正常花球呈半球形，表面是颗粒状的花蕾，质地致密。若管理不当或气候异常，就会出现"早花"、"青花"、"毛花"及"紫花"现象。

（二）环境条件

花椰菜自播种到采收经过发芽期、幼苗期、莲座期和花球形成期，各时期对环境条件的要求不同。

1. 温度。发芽期的适温为15℃~25℃，幼苗期的适温为18℃~25℃，但春花椰菜品种幼苗有较强的抗寒能力，能忍受较长时间0℃~-2℃及短时间-3℃~-5℃低温，而秋花椰菜品种幼苗抗热能力较强，可在炎热的7~8月播种，莲座期的适宜温度是15℃~20℃；而花球形成期对温度的要求比较严格，以14℃~18℃为最适，8℃以下花球生长缓慢，0℃花球易受冻，高于24℃大部分品种的花球易松散、变黄、品质劣变。

2. 光照。花椰菜对光照的要求不严，相反强日光直接照射花球，可使花球变成浅黄，有些品种甚至变为绿紫色。因此，在出现花球后要采用捆叶或折叶盖球的方法防止花球变色。

3. 水分。花椰菜喜湿润，不耐旱也不耐涝，对水分要求较高。育苗期间水分适宜可加速植株的营养生长，既可防止"早花"，又可生产优质花球。花球形成期土壤干旱则易发生散球，如遇空气温度低更容易造成叶片细小，影响花球产量和品质。

4. 土壤营养。花椰菜适合在有机质丰富、疏松肥沃、土层较深、排水保水肥能力较好的壤土或砂壤土栽培。花椰菜与甘蓝一样，是喜肥耐肥的蔬菜，不仅需要大量的氮、磷、钾肥，而且还需要一定的钼、硼等微量元素。缺硼易引起花球中心开裂，花球变锈褐色，味苦。缺钼则出现畸形的酒杯状叶和鞭形叶，酒杯状叶即叶缘向叶面卷曲形成酒杯状，鞭形叶是叶的主脉生长正常，而侧脉及叶内发育不良，形似鞭，植株生长迟缓矮化，花球膨大不良。

三、类型与良种

(一) 类型

不同的花椰菜品种具有不同的特性，决定了其对环境条件的适应性，形成了不同的生态型。

1. 秋季生态型。其特点是幼苗能在较高温度条件下正常生长，17℃～18℃最适温度范围内通过阶段发育，而在较低温度下形成花球。若将秋季生态型品种在春季种植，易出现"早花"现象，球小产量低。该生态型品种生育期60～80天，多为早中熟品种。

2. 春季生态型。幼苗能在较低的温度条件下正常生长，在5℃左右最适温度范围内通过阶段发育，而在较高的气温下形成花球。若将春季生态型品种在秋季种植，生育期都向后延移，造成更加晚熟，该生态型品种生育期在100～160天，属中晚熟品种。

以上生态类型的划分是相对而言的，一些品种春、秋两季均可栽培。

此外，还可按花椰菜花球成熟的早晚分为早熟、中熟、晚熟三类，其中早熟类型一般指定植后 40～60 天收获的品种，如福建 60 天、澄海早花等。此类植株矮小，叶细而狭长，叶色浅，蜡粉多，外叶少，花球小，较耐热，对低温表现敏感。中熟类型一般指定植后 70～90 天收获的品种，如福建 80 天。此类植株叶簇较大，开展或半开展，花球较大，结球紧实，品质优，产量高。晚熟类型系指定植后 100 天以上才能收获的品种，如上海早慢种等。此类植株高大，叶簇长，生长势强，叶宽厚，花球大，产量高。

(二) 良种

主要早熟品种有：

(1) 福建 60 天　植株中等大小，较直立，叶深绿色，平滑，蜡粉少，全缘。花球扁圆形，单球重 0.3～0.4 千克。花枝较小排列稀疏，花粒较粗，洁白。较耐热，早熟，定植后 50～60 天采收。

(2) 澄海早花　植株较矮小，叶长椭圆形，叶色淡灰绿色，叶缘有钝锯齿，叶面皱，蜡粉多。花球近圆球形、较紧实、色洁白，单球重 0.5 千克左右。耐热性较强，定植后 45～50 天可采收。

(3) 荷兰雪球　植株开张，生长势强。叶深绿色，叶大而厚，叶缘浅波状。花球圆球形，色洁白，单球重0.8千克。花球紧实，品质细嫩。该品种苗期耐热，适应性强，丰产性好。

（4）瑞士雪球　生长势强，叶片椭圆形，深绿色，花球圆球形，洁白、紧实，单球重0.5~0.8千克。定植后60天可采收。

中熟品种主要有：

（1）温州80天　叶片有光泽、灰绿色，蜡粉中等。花球半圆形，紧实，洁白。比较耐热、耐肥，抗病力强，定植至收获约80天。

（2）龙峰特大80天　叶片淡绿，椭圆形，蜡粉偏多。花球雪白紧密，单球重1.5千克左右，花球长到1千克时心叶还有几片合包花球，为该品种最优良特性之一。是优良的中熟秋栽品种。

（3）津雪88天花椰菜　花球雪白，极坚实，品质优良，单球重0.7千克左右。秋季主栽类型。

晚熟品种主要有：

（1）福州120天花菜　生长势强，叶蓝绿色具蜡粉。花球半圆形，白色紧密，花粒粗大，单球重1千克左右。晚熟，从定植到收获120~140天。耐寒性强，品质好，常作越冬栽培。

（2）神龙特大120天　叶片较厚，叶柄宽且扁圆，叶面起皱，披蜡粉多，耐寒性较强，花球雪白紧密，单球重

1.0~1.5千克。9月前后播种,分苗1次,苗龄35天左右,5~6片真叶时定植,重施基肥,稳施摊盘肥,猛攻蕾肥,3月收获。

此外,还有改良王者120天等也是很好的晚熟品种。

四、栽培技术

(一) 早秋花椰菜栽培

早秋花椰菜育苗的方法与早秋甘蓝基本相同。由于花椰菜种子用量较少,所以育苗技术更显精细。播种在6月上、中旬进行。

1. 播种育苗。早秋花椰菜的育苗期正值炎热多雨的夏季至早秋,因此要选择地势高燥,通风凉爽,能灌便排,土壤肥沃的地块做苗床,同时设置荫棚或播种后进行遮阳网浮面覆盖。苗床设置在前茬作物清除后,及时除去杂草,深翻晾晒,使土干细。作苗床前将土块整碎、整平,每666.7平方米苗床施土杂肥2000~3000千克、钙镁磷肥100千克。按床宽1.2米,长不超过20米的规格作成畦,畦之间挖30厘米宽、15厘米深的沟,与排水沟相连,以利排水。畦面平整后用木板轻轻拍一遍,然后再耙平,做成平畦播种。每666.7平方米苗床需用种0.6~0.8千克。

在苗床撒播种子后,盖土覆籽,浇水,在床面平铺黑色遮阳网,有明显的降温、保湿和防暴雨冲击的作用。据试验,采用遮阳浮面覆盖的土温比对照(不覆盖)土温下降3℃~4℃。而且浮面覆盖后至出苗前不须按传统露地播种后要连续3天、每天2次浇水的方法进行管理,直至出苗。一般只视天气情况酌情在网面浇1~2次水即可。但须注意一旦幼苗出土,应立即揭去遮阳网,以防止幼苗在弱光高湿及温暖条件下长成瘦长苗。

除播种后浮面覆盖外,也可采用早秋甘蓝育苗的方法进行遮荫棚育苗,基本要求可参照上一节,不再赘述。

2. 整地与定植。花椰菜喜肥耐肥,其生长期间不能中断肥水供应。在整地时,宜以每666.7平方米施有机粪肥2000千克、过磷酸钙或钙镁磷肥50~60千克、硼砂0.5千克、钼酸铵0.5千克直接撒施于土壤作基肥,翻入土中,耙平地面。然后作成宽1.4米的高畦,每畦栽4行。栽植品种以早熟种如福建60天、澄海早花等为宜,也可选择生长期稍长的中熟品种,但采收期会相应推迟。一般早秋花椰菜不选用晚熟品种,因为那样成熟期较迟,达不到提早上市的目的。栽植密度通常为2800~3000株,定植在7月中下旬进行。

由于定植时正值高温炎热、多暴雨的季节,因此为争取及时定植、迅速还苗、提早上市,应进行遮阳网小拱棚或大棚覆盖栽培。采用小拱棚覆盖栽培的,需在定植后于畦面设置高60~80厘米左右的拱棚进行覆盖,注意在阴天或晴天早晚温度不高时及时揭网照散光,以促进幼苗生长健壮,其次在采收前1周左右揭去遮阳网,让自然光照射,使叶色接近该品种的自然状态,切忌全生育期及全天候覆盖。采用大棚覆盖栽培的,可利用大棚两则纵向拉杆,拉上压膜线,再在压膜线上平铺遮阳网,在平棚下种早秋花椰菜,也可利用大棚顶覆盖遮阳网,一端用绳移动,一端固定,可根据天气状况进行盖网揭网。还可以在棚顶扣膜,膜上再盖遮阳网,即"一膜一网"的防雨遮荫棚方式种植早秋花椰菜,但此法需大棚设备、投资较大。不管采用哪种方式栽培,都至少保证在定植后1月内有较好的遮阳降温的措施,以满足植株生长对温度的要求,促进早结球早上市。

3. 田间管理。田间管理包括追肥、灌溉、中耕除草及盖叶等。要获得早秋花椰菜产量高、品质好的花球,就必须根据其品种生长期短、生长快的特点及时追肥,并满足对水分的要求,使叶簇适时进行旺盛生长,以取得强大的叶簇。具体来说,在定植幼苗成活后即追施10%~20%的人粪水,每666.7平方米施粪水1500千克。当气温有所下降、心叶开始旋拧时,随30%左右的粪水每666.7平方米追施10~15千克尿素、10千克硫酸钾或一定量的草木灰。花球形成过程中,还可施肥,除少量氮素肥料外,要增加钾肥的施用比例。十字花科和豆科蔬菜如豌豆、萝卜、大白菜、花椰菜等对硼、钼的吸收量较大。因此,如果基肥中不包括硼肥和钼肥,那么生长期间还必须进行叶面喷施。在植株生长旺盛、结球以前,以

0.01%~0.1%钼酸铵溶液叶面追肥，每10天1次，连续2~3次，以0.4%硼砂溶液喷叶，喷1~2次，2次中间间隔7~10天。

花椰菜是喜湿润的蔬菜，在整个生长过程中需土壤及空气较湿，在叶簇旺盛生长和花球形成期尤其需要大量水分，如不及时满足其对水分的要求，往往生长不旺，影响花球膨大。因此，在高温久旱时，必须傍晚沟灌，切忌漫灌，待畦沟湿透后即将余水排除，以免浸泡时间太长引起沤根。

中耕除草主要在封行前进行，还需适当培土。早秋花椰菜形成花球时气温仍较高、光照较强，因此，在花球长到一定大小时摘叶盖花或采用防水纸盖花减弱光照，以保证花球洁白、鲜嫩。病虫害防治与甘蓝相同。

花椰菜采收宜在傍晚或清晨进行，采收时带小叶4~5片，用利刀从球主茎基部切割。

（二）春花椰菜栽培

1. 播种育苗。春花椰菜一般在11月下旬播种。品种采用幼苗期能耐寒，能在较高温度下形成花球的春季型品种，如大多数中晚熟品种。由于11月播种时气温已比较低，所以要采用小拱棚防寒育苗。选地势高燥、背风向阳的地块做苗床，床南北向，整好畦面后，上再铺5~8厘米厚的营养土，然后播种。播种量以每666.7平方米苗床0.5千克为宜。

在浇足苗床底水的情况下，撒播干种子，等苗床水分全部渗匀后先撒一薄层细土，再覆稍粗一些的碎土，浇少量水。播后苗床盖地膜保温，若天气寒冷还需设置塑料小拱棚进一步加强保温效果。在秧苗出土后，揭去地膜。等全部出齐后，在苗床再覆1次细土，厚度为0.3~0.4厘米，可起到防止畦面龟裂和保墒的作用。幼苗子叶平展后选晴天中午拔去拥挤的幼苗，再稍覆细土，以促根系下扎，降低苗床湿度，防止猝倒病发生。

2. 假植与炼苗。春花椰菜苗龄较大，因此，在幼苗期要进行一次假植，以防止幼苗密度过大影响通风透光而造成徒长。分苗在幼苗2~3叶期进行，大致在12月中下旬。分苗床仍采用小拱棚，畦比播种床土深厚一些，要求床土较肥沃。分苗后浇足压蔸水，架好塑料拱棚进行闷棚，促幼苗发生新根，定植前可施稀薄粪水2次。在定植前半月左右开始进行炼苗，具体方法是先将拱棚南端薄膜于晴天揭开，再逐步揭两侧薄膜，几天后白天全部揭去薄膜，使苗床温度适应并接近气温，定植前2~3天完全不覆盖，使幼苗适应自然环境。

3. 定植。春花椰菜一般在2月下旬天气变暖和后定植，定植前2天浇足起苗水，水量以湿透营养土层为宜，2天后将苗床以幼苗为中心切成土块（5~8厘米见方）起苗，以便少伤根快还苗，定植时浇足压蔸水，待7~10天植株开始恢复生长后应及时追肥，以稀粪水为宜，到4

月天气较暖,叶簇开始旺盛生长时,须加大施肥量,每666.7平方米施尿素10千克和硫酸钾5~8千克,拌40%浓度的粪水追肥,进入5月春花椰菜开始结球,此时应重追肥1次,施肥量参照秋花椰菜栽培。中耕除草、病害防治亦可参照秋花椰菜栽培。

春花椰菜一般在5月中下旬后面市。

第三节 青花菜

青花菜又称绿花菜、茎椰菜、木立花椰菜、意大利芥蓝、西兰花,是十字花科芸薹属甘蓝种中以绿色或紫色花球为产品的一个变种,为一二年生草本植物,是一种世界性蔬菜。

一、经济价值

青花菜营养丰富,每100克鲜菜中含糖7.5克、磷118毫克、维生素C 110毫克,其维生素C含量在蔬菜中名列前茅。

青花菜花球质地脆嫩,香清味美,色泽深绿,可鲜炒、凉拌、腌渍、做汤,还宜冷冻、脱水后外销,是日本、欧美等国家和地区乃至全球十分喜爱的高档蔬菜。

青花菜由于含有丰富的维生素C和少量吲哚物质,食用青花菜能增强人们对病菌侵入的抵抗能力,缓解强致癌物质——亚硝胺的毒害,因此,青花菜是一种很好的防癌保健蔬菜。青花菜在我国栽培历史较短，但随着改革开放的不断深入，旅游业、餐饮业的迅速兴起以及出口创汇农业的发展，青花菜的生产有着广阔的前途。

二、生物学特性

（一）植物学特征

青花菜植株比花椰菜的要高大，茎粗且长，节间距大。主根明显，根系发达。茎在营养生长期稍短缩，茎上腋芽可萌发，阶段发育完成后抽生花茎。叶形有阔叶型和长叶型两种，叶色深绿带蓝，蜡质层较厚。叶柄明显，比花椰菜的长，有裂片状叶翼少数。一般植株长到20片叶左右才能形成花球。青花菜的花球包括肥嫩的主枝（轴）、肉质花梗及绿色或紫色未充分发育的花蕾。主茎顶端形成主花球，而侧芽形成侧花球。花球形状依品种不同而异，有近球形、半球形和平顶形等几种。

（二）环境条件

青花菜是一种秋冬蔬菜，喜冷凉气候。与花椰菜相比，植株强健，耐寒性强，适应性广，抗逆性强，容易栽培。种子发芽适温为25℃～28℃，植株生长适温为18℃～20℃，花蕾发育适温为15℃～18℃。温度25℃以上植株易徒长，5℃以下则生长迟缓，结球十分缓慢。

青花菜对光照要求不严，春秋光照即可满足其要求。夏季虽能形成花球，但球较小，而且会出现花蕾变黄或部分干枯，易散蕾，影响品质和产量。冬季气温太低时花球易变紫色。

青花菜对土壤适应性广，凡排灌方便的地块都可栽培青花菜，高温期宜选择肥沃、排水良好的壤土或黏壤土，冷凉期则选择有机质丰富的砂壤土或冲积土。

三、类型与良种

（一）类型

青花菜按叶形不同，可分为阔叶种和长叶种；依花蕾构成状况及结球紧实程度，可分为紧球、疏球和散球；依花球色泽不同，可分为绿色、深绿和微紫色；依花芽分化对温度要求不同，可分为高温型（极早熟和早熟种）、中温型（中熟种）和低温型（晚熟种）；根据成熟期不同可分为极早熟种（全生育期90天以内）、早熟种（全生育期90~110天）、中熟种（全生育期110~140天）和晚熟种（全生育期140天以上）；根据植株分枝能力及结花球的情况不同，又可分为主花球型和主球、侧球兼用型。

（二）良种

1. 里绿。日本引进的品种。植株长势中等，生育期约90天，13~17片叶现花球。叶色灰绿，花球平顶，侧枝生长弱，球深绿色，花蕾颗粒细，主花球重300克左右。属主球专用品种，品质优，耐高温，宜春、夏季栽培，秋季栽培表现中熟。

2. 绿岭。日本引进的品种。植株生长势强，中、早熟，全生育期为100~105天。16~20片叶现花球，花球较大，单球重400克左右。花蕾较细，球紧实，但花球有明显小黄点，可作主、侧花球兼用型，适应性广。

3. 绿王。系台湾农友种苗公司育成的优良杂种一代。植株生长势强。株型直立，茎秆粗壮。花蕾较粗，但致密，蕾色一致。花球直径可达20厘米以上，单球重600~800克。属主花球专用种。该品种耐热性强，茎部不易空心。

4. 玉岭。植株生长势较强，株型直立。花球蕾粒紧密细幼，花球半球形，单球重400~450克。定植后65天收获，中早熟品种，主、侧花球兼用型。

5. 台南早生。台湾台农种苗公司选育而成。系早熟品种，耐热性强。植株长势旺盛，茎秆粗壮，株型直立，侧芽少而小。定植后55~60天可采收。蕾球硕大，花蕾粒较粗，色浓绿一致。单球重500克左右。蕾枝较短，茎部不易空心。

6. 中青1号。系中国农科院蔬菜花卉所育成品种。植株长势偏弱，15~17片叶现花球。叶色灰绿，叶面蜡粉较多。花球浓绿，较紧密，蕾粒较多，主花球重350~400克。属早中熟主花球专用种。

7. 中青2号。系中国农科院蔬菜花卉研究所育成品种。植株生长势偏弱，15~17片叶花球，叶色灰绿，叶面蜡粉多，花球浓绿，较紧密，花蕾较细，主花球重350克左右。属早中熟，主花球专用种。

8. 上青1号。系上海农科院园艺所育成品种。植株紧凑，26片叶左右现花球。叶绿色。主花球重约400克，半球形，花蕾粒细、紧密，翠绿。属早中熟、主花球专用种。

四、栽培技术

（一）早秋青花菜栽培

1. 适时播种育苗。早秋青花菜一般在6月上旬至下旬播种。品种采用里绿、台南早生等耐热、早熟的品种。幼苗的苗龄以30~35天为宜。此期播种应搭遮阳网棚或一网一膜防雨育苗。有条件的地方可结合穴盘育苗或营养钵育苗，以节约较昂贵的青花菜种子，并提高幼苗质量。

穴盘或营养钵育苗的具体做法是：先准备好营养土，可用菜园土与腐熟有机肥按6:4混合，并在每50千克营养土中加入1千克钙镁磷肥和50克复合肥。接着进行土壤消毒，以福尔马林（40%甲醛）加水配成100倍液喷洒于营养土中，边喷边翻，喷后将营养土拌匀堆好，严密覆盖塑料。闷堆2~3天。然后揭开薄膜，敞开晾晒10天左右，消除药害。消毒还可用50%多菌灵可湿性粉剂配成100倍，按每1000千克营养土用50~60克多菌灵配成消毒液进行处理，方法如上。将消毒后的营养土装入穴盘或营养钵，每穴（钵）播种2~3粒。播后将穴盘或营养钵摆好，上搭遮阳网棚或一网一膜防雨棚。待出苗后早晚揭网照光，仅高温的中午前后才覆盖，以防出现高脚苗，中间间苗一次,最后每穴(钵)定苗1株。当幼苗5~6片真叶时进行定植。

2. 整地与定植。前作收获后清除植株及残体,每666.7平方米施腐熟有机肥(堆肥、厩肥等)2000千克,过磷酸钙30~40千克,耕翻入土,耙平地面,做成1.4米宽的高畦,每畦栽4行。栽植密度就早熟品种而言,一般在2800~3000株,中熟品种2400~2600株。

3. 田间管理。定植成活后10天左右及时中耕除草。早熟品种由于生育期短、生长迅速,因此,必须加强肥水管理,及时追肥。以基肥为主,并下足攻头肥;中晚熟品种因生长期和采收期均长,需消耗大量养分,除下足基肥外还要分次追肥。定植后20天(早熟品种)即施花芽分化肥,每666.7平方米施尿素12千克、氯化钾8千克,并伴施稀粪水,当有15~17片叶将现蕾时,追施花蕾肥,每666.7平方米施复合肥15千克,尿素10千克,对水浇施。主花球长到直径5厘米左右时施花球肥,用量为尿素5~6千克、钾肥(氯化钾)4千克,对水浇施。主花球完全形成并采收后,对于主侧花球兼用型品种应再追肥1次,以促进侧花球的发育。

对于主花球专用型品种,为减少侧花球形成消耗养分,应在主球收获前抹去侧芽,而对主侧花球兼用种,一般可留健壮侧芽4~5个,其余弱芽尽早抹去。当手感到花蕾颗粒开始有些松动或花球边缘的花蕾颗粒略露黄色时应及时采收,否则将影响外观和商品品质。

(二)春青花菜栽培

1. 适时播种,培育壮苗。选择一些早熟品种进行栽培。根据不同地区的气候条件和不同的栽培方式来确定播种期,若采用小拱棚栽培,应在12月下旬至1月中旬播种,适宜苗龄为50天左右,可在5月初至5月下旬采收;若用地膜覆盖则应在1月下旬至2月上旬播种,苗龄以45天左右为宜,可在5月中旬至6月下旬采收;如果露地栽培,则宜在2月中旬至3月上旬播种,苗龄约40天,采收期为5月下旬至6月中旬。生产上最好采用小拱棚进行春青花菜栽培,如此栽培的可在4月下旬后上市,此时正值南方"春淡",蔬菜种类少,而青花菜更少,因此价格高、经济效益高,而且这批青花菜球比以后上市的品质好、病害少,无黄褐球出现。

采用地膜覆盖、搭小拱棚育苗,培育壮苗的关键是苗期的温度管理。温度太低,花芽分化早,花球形成早但球不大,影响产量,温度太高,苗体徒长。故育苗过程中,宜在白天保持温度20℃~25℃,夜温应保持在10℃以上。

2. 定植。在定植前1周左右进行土壤翻耕,施足基肥,每666.7平方米施腐熟厩肥或人粪水2500~3000千克、复合肥30千克,深沟高畦,畦面平整后于定植前铺地膜,以提高土温。播种后40~50天,当幼苗5~6片真叶时进行定植,定植太迟,苗体老化,影响定植后植株生长发育导致花球变小。如果有条件，再设置小拱棚以增强保温效果。

春青花菜栽培密度为每666.7平方米栽3000株左右。

3. 田间管理。在2月下旬前定植，当时气温较低，要在覆盖地膜的基础上，严密覆盖小拱棚，四周盖严，防冷风进入，当气温回升时，晴天中午前后注意通风换气，防棚内温度过高。3月下旬至4月上旬，植株较大，气温较适，应及时除去小拱棚。

植株定植后10天，幼苗成活即可施肥，以利植株恢复并促进植株前期生长。在现蕾期重施追肥，促进花球的发育，提高产量。花球长到直径5厘米左右时再施肥一次。主花球采收后亦需追肥1次，追肥选用速效性肥料。上述追肥用量可参考早秋青花菜。

第七章 无公害反季节根菜类蔬菜栽培

根菜类蔬菜是指以肉质根为产品的蔬菜植物。主要包括十字花科的萝卜、芜菁、芜菁甘蓝、伞形花科的胡萝卜、根芹菜、美洲防风、菊科的牛蒡、菊牛蒡、婆罗门参，藜科的根椰菜等。他们大都是起源于温带的二年生植物，少数为一年生及多年生。耐寒或半耐寒，要求凉爽的气候和充足光照。在低温下通过春化阶段，长日照和较高温度下抽薹开花。多行直播，适于土层疏松深厚，排水好，肥沃的壤土和砂壤土栽培，增施钾肥有利于提高产量品质。根菜类蔬菜适应性强，生长期短，种植容易，生产成本低，产量高，它们不但是冬春供应市场的主要蔬菜，萝卜等根菜通过选用抗热的夏秋品种类型栽培，也成为南方夏天堵伏缺的重要蔬菜种类，在蔬菜周年供应中占有重要地位。根菜类营养丰富，富含碳水化合物、维生素与矿物盐，可以调节人体生理功能，帮助消化，增进健康。其食用方法多样，可生食、炒食或腌渍、加工，因而根菜类在我国蔬菜栽培中是很重要的一类，深受广大消费者和种植者所喜爱，其中栽培最广的是萝卜和胡萝卜。

第一节 萝　卜

一、经济价值

萝卜为十字花科萝卜属能形成肥大肉质根的二年生草本植物。别名莱菔、芦菔。萝卜营养丰富，每100克鲜品含水分87～95克，糖1.5～6.4克，纤维素0.8～1.7克，维生素C 8.3～29.0毫克。可生食、炒食、腌渍、干制。因含淀粉酶，吃萝卜有促进新陈代谢和助消化的作用。萝卜的根、叶、种子及收种后的老萝卜，有祛痰、消积、定喘、利尿、止泻等药用功能；萝卜种子中含有芥子油，对大肠杆菌有抑制作用。因萝卜用途广，品种多，能在各种季节栽培，又耐运输贮藏，可全年供应，栽培容易，产量高，成为普遍栽培的重要蔬菜之一。

二、生物学特性

（一）植物学特征

直根系，小型萝卜的主根深约60～150厘米，大型萝卜则深达180厘米，主要根群分布在20～45厘米的土层中。萝卜肥大的肉质根既是产品器官，又是营养物质的贮藏器官。有不同的皮色、肉色和形状。肉质根的外形，有长、短圆锥形和长、短圆柱形及椭圆形、卵形、圆球形、扁圆形等。根皮色有深绿、绿、浅绿、红、浅红、鲜红、紫红、浅紫、半绿半白、白等色。根肉色有白、绿、翠绿、浅绿、紫红等色。

萝卜在营养生长期茎短缩，节间密集，叶片簇生其上，在生殖生长时期则形成花茎。

萝卜的叶在营养生长时期丛生于短缩茎上，这时期长出的叶子统称为"莲座叶"。叶形有板叶和羽状裂叶，叶色有淡绿、深绿等，叶柄有绿、红、紫色，叶片和叶柄上多茸毛。叶丛有直立、半直立、平展、塌地等状态。

萝卜为无限生长的总状花序。花瓣4片呈十字形。6枚雄蕊、1枚雌蕊。花色有白、粉红、淡紫等色。萝卜为虫媒花，天然异交作物，品种间易串花。

萝卜果实为长角果，角果成熟后不开裂。种子着生在果荚内，每一果实有种子4~7粒。颜色因品种而异，有麦黄色、棕红色、棕色、褐色等。种子千粒重7~16克。种子寿命（即发芽力）可保持4~5年，但生产上宜用当年的新种子。

（二）对环境条件的要求

1. 温度。萝卜原产于温带，为半耐寒性作物，种子在温度2℃~3℃时开始发芽，适温为20℃~25℃。幼苗期能耐25℃左右较高的温度，也能耐-2℃~-3℃的低温。萝卜茎叶生长的温度范围比肉质根生长的温度范围广些，为5℃~25℃，生长适温为15℃~20℃；而肉质根生长的温度范围为6℃~20℃，适温为18℃~20℃。不同类型和品种，适应温度的范围不一样，有些耐高温的夏秋萝卜在30℃~40℃温度下仍能正常生长。

2. 光照。萝卜属长日照作物，在营养生长期需要较长时间的强光照，以满足光合作用的旺盛进行。如果将萝卜播种在遮荫处，或过分密植，会使叶片相互遮光而造成光照不足，导致生长衰弱。营养器官生长和发育不良，叶片变小，叶柄变长，叶色变淡，下部的叶片因营养不良而提早枯黄脱离，从而使肉质根不能充分肥大，造成减产。

3. 水分。水分是萝卜肉质根的主要组成部分，适于肉质根生长的土壤有效含水量为65%~80%，水分不足时，影响肉质根中干物质的形成而造成减产。萝卜在不同生长时期的需水量有较大的差异。发芽期应保持土壤湿润，土壤含水量以80%为宜。幼苗期，为防止徒长，促进根系向土壤深层发展，要求土壤湿度较低，以土壤最大持水量的60%为好。莲座期叶片生长旺盛，肉质根也逐渐膨大，要适当控制灌水，进行蹲苗，"露肩"以后，标志着肉质根进入迅速膨大期，需水量增多，应保持土壤湿润，如果此时水分供给不足，会降低产量、影响品质，切忌土壤忽干忽湿，水分供应不匀，否则，易造成肉质根开裂。

4. 土壤及其营养。萝卜对土壤的适应性较广，但以排水良好、土层深厚、疏松通气的砂质壤土为最好。黏重土壤不利于肉质根膨大，土层过浅、坚实，易发生杈根。

一般要求土壤以中性或偏酸性为宜,即 pH 值 5.5~7。

萝卜对土壤肥力的要求也较高,全生长期都需要充足的养分供应,幼苗期和莲座期需氮较多,进入肉质根生长盛期,磷、钾需要量增加,特别是钾的需要量更多,在萝卜的整个生长期中,对钾的吸收量最多,氮次之,磷最少。故不宜偏施氮肥,应该重视磷、钾肥的施用,以促进产量和品质的提高。

三、类型和良种

萝卜主要分为中国萝卜和四季萝卜。中国萝卜依照生态型和冬性强弱又可分为四个基本类型:①秋冬萝卜类型:夏末秋初播种,秋末冬初收获,生长期 60~100 天。②冬春萝卜类型:我国南方等冬季不太寒冷的地区种植,一般晚秋至初冬播种,初春收获,耐寒,冬性强,不易糠心。③春夏萝卜类型:春播初夏收获,较耐寒,冬性较强,生长期较短,一般为 45~60 天。④夏秋萝卜类型:夏播夏收或夏播秋收,常作夏秋季度淡的蔬菜,耐湿、耐热,生长期 45~70 天。

四季萝卜植株矮小,肉质根较小而极早熟,生长期短,这种萝卜既耐热又耐寒,适应性强,抽薹也迟。

主要优良品种简介如下:

1. 春不老萝卜。植株开展度较大,叶簇半直立,叶形似枇杷叶,绿色。萝卜近圆球形。高 15 厘米左右,横径为 20 厘米,入土部约 3/5。表皮和肉均为白色。该品种味甜，汁多，质地细嫩，耐寒，春季抽薹晚，不易空心，属冬春萝卜类型。从播种至收获约 80~180 天均可陆续上市。

2. 春雪萝卜。为一代杂交品种。花叶，肉质根长圆柱形，长 30~35 厘米，粗 6~8 厘米，露出地面部分 2~3 厘米，单根重 1~1.5 千克。根形直而美观，白皮白肉，脆嫩，鲜食加工均可，耐寒性强，春化严格，抽薹迟，不易空心，属冬春萝卜类型，在长江中下游地区栽培，晚秋初冬 10 月下旬至 12 月播种，3~4 月收获。

3. 白玉春萝卜。适合于早春保护地和露地栽培的优良品种。株型半直立，叶数少，根皮全白，光滑，肉质脆嫩，口感好，不易糠心，极少发生裂根，极耐抽薹，单重 0.8~1.5 千克，早熟，耐贮运，长江流域 9 月至翌年 4 月均可播种，播后 60 天左右始收，一般每 666.7 平方米产量 3000~5000 千克。

4. 南畔州萝卜。植株半直立，叶片呈柳叶形，叶绿羽状，全裂叶，背绿色，有茸毛，耐寒、耐湿，空心晚，适应性强。肉质根长纺锤形，长 30~35 厘米，横径 8~10 厘米，皮薄白色。属冬春萝卜类型，亦可作秋冬栽培，冬性强，8~11 月均可播种，播后 90~100 天成熟采收。

5. 浙萝 1 号。植株长势强，叶簇半直立，裂叶。肉质根长 46 厘米、横径 11 厘米、单根重 3.0 千克左右，根部 1/3 入土，入土部分外皮白色，出土部分浅绿色，肉白绿色。味微甜、质脆、无辣味，口感好。晚熟，耐贮藏，生长期90~100天，耐寒性强，长江以南可露地越冬，属冬春或秋冬萝卜类型。

6. 短叶13号。叶簇直立，板叶，叶片短小，倒卵形，黄绿色，向上微卷，无茸毛。肉质根圆柱形，大部分露出土面。表皮光滑，皮肉均为白色，肉质脆嫩、味甜、纤维少，不易糠心，品质优良，属夏秋萝卜类型，也可作秋冬季栽培。早熟，生长期45~50天，抗病、耐热耐湿。

7. 夏白玉。杂种一代。株型直立，生长强健。板叶，叶形较阔，叶面无茸毛，深绿色。适收时根长约25厘米，粗约5~7厘米，重约0.5~0.7千克，根形端直，须根少，皮细白光滑，肉白色，肉质细嫩脆甜，不易空心老化。极早熟，特耐热，能持续抗夏季40℃高温并正常生长，播后40~50天可采收。

8. 夏抗40。极早熟，极抗热的一代交配种。夏季40℃高温下能正常生长，种植40天后即可采收。板叶，叶色深绿，肉质根长圆柱形，根长20~25厘米，横径5~7厘米，单根重0.5~0.7千克。皮白色，肉白色，肉质脆嫩，不易糠心。每666.7平方米产量2500千克左右。

9. 红秀。极耐热，早生50天一代交配红皮萝卜，株高30厘米，株型半直立，叶片为中间型，叶色深绿，主脉为大红色，肉质根为短圆筒形，根长18厘米左右，横径为9厘米左右，商品成熟期单果重为500克左右，肉白色，肉质脆嫩，品质佳，抗病力强，适应性广。

10. 心里美萝卜。北京地方品种。品质较好，生食以味美、质脆、色艳而著称。有裂叶及板叶两种类型。裂叶型的肉质根短圆柱形，单根重600克左右；板叶型的叶簇直立性较强，肉质根略长，单根重700克左右。肉质根外皮细，出土部分为浅绿色，入土部分为黄白色，根尾部浅粉红色。肉色鲜艳，可分为血红瓤及草白瓤两种，板叶型以草白瓤为多。

四、栽培技术

（一）春萝卜栽培

1. 露地栽培

（1）整地作畦　在播种前15天，清理前茬作物残株及杂草，然后对土壤进行多次深翻，耕地深度不少于25厘米，并配合施足基肥，每666.7平方米施腐熟的有机肥4000~5000千克，并加入过磷酸钙20~25千克，草木灰50千克。萝卜偏施化肥味苦，单施人粪尿不甜，且易徒长。基肥翻入土中后耙平作畦，畦宽1.5米左右，畦高20~30厘米。

（2）播种　在长江中下游地区，露地种植冬春萝卜一般于晚秋初冬10~12月播种，露地越冬，翌年3~4月收获。播种的方式有撒播、条播和点播。条播的在畦面上开深约3厘米的沟，行距25厘米左右，将种子均匀播在浅沟内。最好采用点播，即按萝卜品种所要求的株行距挖穴，穴深约3厘米，每穴播种子5~7粒，并使种子在穴中散开，以免出苗后拥挤，幼苗纤弱，穴距一般25厘米×20厘米，每666.7平方米约6（300~7000穴。条播的播种量每666.7平方米为500~700克，点播的约300~500克。播后盖土约1~2厘米，覆盖物最好用土杂肥、谷壳、灰肥等。播种时的浇水方法，以先浇水或水粪再播种而后盖土为佳，因底水足、上面土松，幼苗出土容易。

（3）田间管理①及时间苗定苗。幼苗出土后生长迅速，要及时间苗，以防拥挤遮荫，造成幼苗细弱徒长。间苗的适宜时间，第一次在子叶充分展开（称"拉十字"）时最好。点播的每穴留2~3株苗；条播的可每隔3厘米左右留一株苗。第二次间苗在有2~3片真叶时进行，要去杂、去劣和拔除病苗。在"破肚"时选具有原品种特征特性的植株定苗。穴播的每穴留一株定苗，条播的留苗株距依品种的要求而定。②合理浇水。萝卜不耐干旱，但水分过多，也会导致叶部徒长，肉质根发育不良，因此须根据环境条件及萝卜的不同生长发育阶段合理灌溉。播种后应及时浇水，以利种子发芽。幼苗期要"小水勤浇"，以控水促根为主。"破肚"前要小蹲苗，以促使根系向土层深处发展。叶片生长盛期需水量较多，也要适当浇水，以"地不干不浇，地发白才浇"为原则。肉质根生长盛期要充分均匀地供水，以防裂根。如干旱可用5~10千克腐熟的人粪尿对50千克水浇泼，既抗旱又防寒冷。收获前5~7天停止浇水，提高肉质根的品质和耐贮性能。③分期追肥。在全生长期中可施2~3次追肥，在幼苗两片真叶时结合中耕追第一次肥，每666.7平方米施稀人粪尿1000千克，或尿素、硫酸铵等速效化肥10~20千克。施第二次肥在5~10片叶时进行，用肥量看苗情况而定，可比第一次追肥稍多。第三次追肥是保暖肥，当最低气温达0℃左右，萝卜停止生长，应施腐熟的农家肥或谷壳等覆盖于植株周围以防萝卜受冻，开春后在肉质根生长盛期，再追一次肥以有助于肉质根膨大，一般每666.7平方米可施氮磷钾复合肥20~25千克。④中耕培土。为保持土壤疏松，必须适时中耕，中耕要浅，以防止伤根，结合中耕进行除草培土并摘除衰老黄叶，封行后停止中耕。⑤采收。萝卜的收获期要根据品种、播期、植株生长状况和收获后的用途而定。在收获期内可根据萝卜大小，分次采收。采收时留萝卜叶梗3厘米，就近供应的可洗净上市，远距离运输则不要冲洗。

2. 保护地栽培。传统的春萝卜露地栽培，一般于前一年的晚秋至初冬播种，翌年的春季收获，整个生长期较长，栽培管理费工费时，而利用塑料大、中、小棚及地膜覆盖等保护地设施。于12月至翌年元月播种，供应1~3月的元旦、春节市场，或1~2月播种，供应4~6月的春菜淡季，自播种后60~90天（因品种而异）即可采收，大大缩短了栽培管理周期,具有较高的经济效益和社会效益。其栽培技术要点如下:①因在保护设施下栽培,生育期缩短,可较露地适当密植,须选择冬性强,早春不易抽薹的品种栽培,如春雪萝卜、春不老萝卜、白玉春萝卜等。②播种时正处于寒冷季节,播前应及早扣棚烤地、施肥整地,要选择晴天上午播种,播后封严棚膜,以利提高畦温,促进种子发芽出土。出苗后要逐渐拉缝放风,防止幼苗徒长。肉质根开始膨大时,畦温保持在13℃~18℃为宜,要控制浇水,避免降低畦温。③为达到土壤增温、保墒以及省工省力、提早上市的目的。萝卜在早春还可采用地膜覆盖栽培方法,以穴播法为好,在播种前把地膜铺满畦面,晒2~3天待地温提高后再按株行距破膜控穴播种,孔径7~8厘米。出苗后间苗,每穴留1株。

其他栽培措施同春露地栽培。

(二)夏秋萝卜栽培

夏秋萝卜生长期较短,一般为40~70天,夏秋间正是蔬菜伏缺期,在调剂周年供应上起着较大的作用。这类萝卜在生长期间,正是高温暴雨、病虫害严重的季节,必须加强田间管理。

1. 适时播种。在长江中下游及其以南地区4~9月均可播种,宜选择夏白玉、夏抗40、热白萝卜等抗热早熟的品种。播前土壤深翻烤晒、施足基肥;采用深沟高畦、穴播栽培。因这时气候条件不良,生长期短,肉质根不会生长很大，故可适当密植，一般株行距 20 厘米 × 30 厘米，每 666.7 平方米 7000 穴以上。

2. 田间管理

（1）及时定苗　因生长较快，须及时定苗，一般进行两次间苗，在幼苗具有 2～3 片真叶时，留符合本品种特性，无病虫危害，较粗壮的幼苗定苗，每穴一苗。

（2）合理灌溉排水　夏秋萝卜的生长期正值高温干燥，又时有暴雨侵袭的季节。应做到干旱时适当补充水分，可于傍晚时分用水浇泼畦面或在沟中灌水，"昼灌夜排"，以保持土壤湿润，大雨后及时排除多余积水，若土壤受渍，将会严重影响萝卜的产量和品质。

（3）适当追肥　夏秋萝卜生长期短，追肥应以速效化肥为主：第一次在定苗后，结合浇水施尿素或硫酸铵每 666.7 平方米 10～20 千克。第二次在肉质根迅速膨大期，每 666.7 平方米追肥氮磷钾复合肥 20～25 千克后灌水。

（4）病虫害防治　萝卜病害主要是病毒病和黑腐病。病毒病至今无特效药，主要办法是播前用 10% 磷酸三钠溶液处理种子，苗期用病毒 K 等预防以及彻底根治蚜虫，防止高温干旱。黑腐病可于发病初期喷洒 800 倍液代森铵等。另外还有软腐病、霜霉病、白斑病等，主要通过选用抗病品种，深沟高畦，控水灭虫等综合办法防治。

萝卜虫害有黄条跳甲、菜青虫和钻心虫等，可选用辛硫磷或敌百虫 1000 倍液，以及阿维菌素、菜喜等生物农药进行防治。

第二节 胡萝卜

一、经济价值

胡萝卜是伞形科、胡萝卜属的二年生草本植物。另名红萝卜、黄萝卜、丁香萝卜、番萝卜、黄根等。胡萝卜肉质根富含蔗糖、葡萄糖、淀粉、胡萝卜素以及钾、钙、磷等。每100克鲜重含1.67~12.1毫克胡萝卜素，含量高于番茄5~7倍。食用后经肠胃消化分解成维生素A，可防止夜盲症和呼吸道疾病。胡萝卜有多种食法，既可生食、炒食、煮食，又可蜜渍、腌制加工等。胡萝卜还具有健脾、解毒、化滞等药用功效。胡萝卜耐贮藏，是调节蔬菜周年供应的必不可少的蔬菜。它的根、叶也是好饲料。

二、生物学特性

(一) 植物学特征

胡萝卜属深根性植物，主要根系分布在20~90厘米的土层内，深可达180~250厘米，其外部形态分为根头、根颈和真根三部分，真根占肉质根的绝大部分，深入土面以下，其上着生四列纤细侧根，根表面有凹沟或小突起状的气孔，以便根内部与土壤进行气体交换。肉质根形状有圆、扁圆、圆锥、圆筒形等，根的皮色与肉色以橘红、橘黄为多，也有的呈浅紫、红褐黄色或白色，主要由次生韧皮部构成，木质部细小，称心柱。直根外部光滑。

在营养生长时期，有出苗后的幼茎和肉质根膨大后的短缩茎。短缩茎上着生叶片。通过阶段发育后，顶芽抽生花茎，花茎的主茎可达1.5米以上，花茎的分枝能力很强，主茎各节都可抽生侧枝。

叶为三回羽状复叶，全裂细碎，丛生，叶柄细长，叶色浓绿，叶面积小，叶面密生茸毛。

胡萝卜为复伞形花序，一株上常有千朵以上小花，花期约为一个月，完全花，白色或淡黄色，多为两性花，雌雄同株，异花授粉，为虫媒花，易自然杂交。

胡萝卜开花授粉后，形成二心皮的双悬果，果实表面有纵沟，成熟时分成两个果实，但不裂开，一般误称为种子。果实椭圆形，表面有刺毛，皮革质，含有挥发油，不易吸水膨胀。

种胚很小，常发育不良或无胚，千粒重仅1~1.5克，出土力差，发芽慢，发芽率低达70%左右。

（二）环境条件

1. 温度。胡萝卜喜欢冷凉的气候，种子在4℃~6℃能萌发，发芽适温为20℃~25℃，肉质根肥大期的适温是13℃~20℃，3℃以下停止生长，开花结实期的适温是25℃左右。

2. 光照。胡萝卜属长日照植物，要求充足的光照，否则会引起叶柄伸长，叶片变小，植株生长势弱，同化量减少，肉质根膨大受到抑制。

3. 水分。胡萝卜根系发达，能利用土壤深层水分，侧根多，叶面积小，为根菜类中耐旱性最强的蔬菜。但过于干燥对根的发育也不适宜。要求土壤湿度为土壤田间持水量的60%~80%，故干旱时，仍需灌溉。一般前期水分不能过多，否则，影响直根膨大，而后期水分不足，直根亦不能充分膨大，此外，多湿会造成根表皮粗糙，次生根的发根部突出。

4. 土壤和养分。胡萝卜在土层深厚，富含腐殖质，排水良好的砂质壤土中生长最好。pH值5~8最适宜。在整个生长期中，播种后的两个月生长缓慢，仅能吸收很少的养分，但后半期肉质根急剧膨大，吸收养分迅速增加。其中钾吸收得最多，氮、钙次之，在直根膨大期，磷的吸收量也增加。

三、类型与良种

胡萝卜根据肉质根形状，一般分三个类型：①短圆锥类型：早熟、耐热、产量低、春季栽培抽薹迟，如烟台三寸萝卜。②长圆柱类型：晚熟，根细长，肩部粗大，根先端钝圆。如扬州红1号。③长圆锥类型：多为中晚熟品种，味甜，耐贮藏，如天津新红胡萝卜。

主要栽培良种简介如下：

1. 扬州红1号。株高约55厘米，叶绿色，7～9片，肉质根长圆柱形，长14～16厘米，横径3.3厘米，单根重95～105克，皮、肉均为深橙红色，色泽均匀。根皮光滑，心柱细，质脆嫩，味甜。多汁，胡萝卜素含量5～6毫克/100克鲜重，品质优，中晚熟，生长期约100天。耐贮藏，抗病抗虫。适宜鲜食、熟食和脱水菜加工。每666.7平方米产量3500千克。

2. 新红胡萝卜。中晚熟品种。生长期100～110天。具有10～11片叶，叶色浓绿，肉质根长18～20厘米，上部横径4.5厘米，呈长圆锥形。根表面光滑，歧根发生率低。肉质根橙红色，髓部较小，且颜色与外肉相似。品质脆嫩，是鲜食和加工的优良品种，适宜全国各地栽培。

3. 金红2号。植株生长势强，叶丛直立，根皮、肉、髓部均为橙红色，平均根长16～17.5厘米，根粗4.5～5.2厘米，单根重190～260克，产量高，品质好，每百克含胡萝卜素4.7毫克。生育期110～120天，每666.7平方米产量4500～5000千克。

4. 新黑田五寸胡萝卜。从日本引进。植株生长旺盛，肉质根肥大速度快，根圆柱形，生长整齐，皮色全红，心部极细，且鲜红，适期播种后100～110天可以采收。品质优、致密、甜美、耐热、耐病。

5. 理想胡萝卜。台湾农友种苗公司育成。适于早播起早市和晚播供冷藏用。根部肥大速度快，播后100天内即可采收，适收时根长约19厘米，粗约6厘米，重约300克左右。根形端直，外皮光滑，皮色和肉色红艳，心部细，品质甜美，产量高，全国各地均可种植。

6. 丹富士胡萝卜。美国引进品种。植物长势中等，株高56厘米，叶簇直立，肉质根短圆柱形，长14～18厘米，皮肉皆橘红色，叶甜，水分多，品质好。生、熟食皆宜，也可加工干菜及酱菜，一般666.7平方米产量1500～2000千克。

四、早秋胡萝卜栽培技术

1. 整地施肥。整地对胡萝卜的产量和质量影响较大。如耕翻太浅，影响主根深扎，肉质根容易弯曲、短小或发生杈根。应选地势高燥，富含有机质、土层深厚、排水良好的砂壤土或壤土，前作收获后立即清洁田园，深耕25～30厘米，剔除瓦砾、树根，耙2～3遍，整地力求精细，并同时施入腐熟有机肥4000～5000千克，增施过磷酸钙15～20千克，硫酸钾5～10千克，然后，做成高20～25厘米、宽1.5～2米的高畦。

2. 播种。在长江中下游及其以南地区作秋季栽培7～9月均可播种，在湖南一般是7月中旬到8月中旬播种，但为了提早上市，还可于6月底至7月中旬进行夏季遮阳播种。

胡萝卜种子寿命短，发芽率低，必须选用新种子，且播种前要进行发芽试验，确定播种量，一般每666.7

平方米用种量（带毛种子）条播的 0.75~1.0 千克，撒播的 1.0~1.5 千克。因胡萝卜果实为双悬果，每果仅有一粒种子，外皮多毛，刺毛相互叉结，不易与土壤密接，影响吸水出芽，播种前须先将种子晒干搓去刺毛，同时将双悬果分开成单粒种子。为播种均匀，可用适量的草木灰或干细土与种子掺和播种。也有的加入少量白菜籽，白菜出苗较早，可指示胡萝卜条行所在位置，利于前期除草和中耕，还可为胡萝卜幼苗遮阳。播种前 7~10 天可行浸种催芽。用 40℃ 水浸泡 2 小时，沥干水分置于 20~25 温度中催芽，并不断翻动保持适温，多数种子露出胚根即可播种。条播撒播均可，条播的行距 15~20 厘米，播种深度 1.5~2.0 厘米，播后覆土并轻度镇压，再浇水覆碎草。浸种催芽的种子，播后 5~6 天可出苗。

3. 田间管理

（1）间苗与中耕除草　胡萝卜幼苗生长缓慢，出苗后立即除去覆盖的碎草，齐苗后及时间苗。1~2 片真叶时进行第一次间苗，株距 3 厘米并在行间浅锄，结合除草松表土保墒，促使幼苗生长；4~5 片真叶（高约 13 厘米左右时）进行第二次间苗，苗距 6 厘米，并进行第二次中耕除草，中耕要浅，以免伤根。中耕应结合培土进行，将细土培至根头，以防根头露出地面，见光形成青头；5~6 片真叶时第三次间苗，去掉过密株、劣株和病株，苗距

15~16厘米,这次就是定苗,每666.7平方米留苗3.5万~4万株。

(2) 灌溉与施肥 胡萝卜发芽期应适当浇水,经常保持土壤湿润。幼苗期需水量不大,除了实在干旱时浇水,一般都不浇水。胡萝卜肉质根长到手指粗时,是肉质根生长最快的时期,应及时浇水,使土壤经常保持湿润。如果水分供应不足,易引起肉质根木质部木栓化,使侧根增多,但若浇水过多,又会引起肉质根开裂,降低品质。

胡萝卜追肥,应施用速效肥料:3~4片真叶间苗后追施人粪尿每666.7平方米500~1000千克,或硫酸铵15千克,另加氯化钾1~2千克,再过一个月,大约7~8片真叶时进行第二次追肥,每666.7平方米施硫酸铵10~15千克,氯化钾3~4千克,均可稀释成100~200倍液浇施。

(3) 病虫害防治 胡萝卜病虫害较少,主要虫害是胡萝卜根线虫,危害后使直根变畸形,影响品质,可通过控制湿度、尽量避免在砂质土中种植、最好与禾本科作物轮作以及铲除残根、杂草等措施进行预防。

胡萝卜在天气过于干旱或高湿多雨天气易诱发的主要病害是黑斑病、黑腐病、软腐病等。可通过播前种子消毒、控制好土壤湿度、发现病株及时拔除以及发病初期用50%代森锌500~600倍液喷1~2次等措施防治。

4. 采收。胡萝卜早熟品种播种后60天左右收获，中晚熟品种需要90~150天。在肉质根充分膨大后，应及时采收上市。若收获太早，根未充分长大，甜味淡，产量低；若收获过迟时，肉质根组织变粗，品质变劣。

第八章 无公害反季节绿叶蔬菜栽培

绿叶蔬菜包括莴苣、芹菜、菠菜、蕹菜、苋菜、茼蒿、芫荽、冬寒菜、落葵、荠菜、金花菜、豆瓣菜等。主要以柔嫩的叶片供食，也有主要以叶柄供食的如芹菜，或主要以嫩茎供食的如莴笋。绿叶蔬菜富含各种维生素和矿物质，如菠菜含维生素 C 31 毫克/100 克，含氮物质达干物质的34％，是营养价值较高的一类蔬菜。绿叶蔬菜种类多，多数生长期短，可以小植株供食，可排开播种，分期收获。绿叶蔬菜植株较小，适于密植，是间套作的良好材料。在蔬菜的周年均衡生产和供应上起着较重要的作用。

第一节 莴 苣

一、经济价值

莴苣系菊科莴苣属能形成叶球（或散叶）或肥大嫩茎的一二年生草本植物。前者又名生菜、包生菜、团叶生菜、莴菜、千金菜等；后者别名莴笋、茎笋、莴苣笋等，统称莴苣。莴苣原产地中海沿岸温暖地区，公元5世纪传入中国。如今，莴苣在我国南北各地普遍栽培，在长江流域是3～5月度春淡的主要蔬菜之一，温暖的地区利用不同品种排开播种，分期收获，几乎可周年供应。

莴苣营养丰富，每100克可食部分含蛋白质1.3克、脂肪0.1克、碳水化合物2.1克、粗纤维0.5克、灰分0.7克、钙40毫克、磷31毫克、铁1.2毫克、胡萝卜素1.42毫克、硫胺素0.06毫克、维生素PP0.4毫克、维生素C10毫克。莴苣属低糖低脂肪蔬菜，其中维生素、矿物质含量丰富，此外还含有乳酸、苹果酸、琥珀酸、莴苣素、甘露醇等。叶用莴苣可生食、炒食或作汤，味道鲜美，脆嫩爽口；茎用莴苣可生食、熟食、腌食及干制，用途十分广泛。莴苣还对消化无力、酸度低、便秘、高血压和心脏病有医疗作用。

二、生物学特性

（一）植物学特征

1. 根。莴苣的根是直根系，主根长可达150厘米，经移栽以后主要根系分布在30余厘米深的土层中。

2. 茎。莴苣的茎为短缩茎。莴笋在植株莲座叶形成后茎伸长为笋状，是由胚轴发育的茎与花茎所形成。茎色为绿色、绿白色、紫绿色或紫色等，茎部肉质为绿色、黄绿或绿白色。

3. 叶。叶互生在短缩茎上，叶面光滑或皱缩，绿色或绿紫色。叶形有披针形、长椭圆形、长倒卵圆形等形状，结球莴苣在莲座叶形成后，心叶因品种的不同结成圆球形、扁圆球形、圆锥形、圆筒形等形状的叶球。

4. 花。莴苣为自花授粉作物，有时通过昆虫而异花授粉。花黄色，头状花序，日出后 1~2 小时开花完毕。

5. 种子。莴苣种子为植物学上的瘦果，有灰黑、黄褐等颜色，成熟后顶端有伞状冠毛，随风飞散，采种应在飞散之前，以免损失。种子千粒重为 0.8~1.2 克。

(二) 环境条件

1. 温度。莴苣喜冷凉气候，忌高温，能稍耐霜冻。种子发芽温度范围 4℃~27℃，以 15℃左右为适宜，30℃以上的高温抑制发芽。莴笋幼苗生长温度范围为 12℃~29℃，以 24℃左右为最适宜。幼苗能忍耐 -6℃的低温。茎叶生长最适宜的温度为 11℃~18℃，在 22℃~24℃以上会导致过早抽薹，较大植株在 0℃以下会受冻害而死亡。开花结实期要求温度较高，以 22℃~29℃的温度为适宜，低于 15℃授粉受精不良。结球莴苣对温度的适应范围较莴笋为小。

2. 光照。莴苣在发育上呈长日照反应，在长日照条件下发育随温度增高而加快。长日照条件是影响莴笋早抽薹的主要原因，随着光照长度的增加，显著地加速由营养生长转向生殖生长的过程，其中早、中熟品种对光照长度反应更为敏锐,晚熟品种比较迟钝。莴苣对光照强度要求较弱。从光质来看,红光可克服高温对发芽的抑制作用,促进发芽,而红外线则抑制发芽。

3. 水分。莴苣的根群不深,叶面积较大,需要水分较多,早秋栽培莴苣,应注意加强灌溉。但莴苣也不耐水渍,冬春雨水多时,应及时排水。否则,因湿度过大易发生霜霉病、软腐病与菌核病等。

4. 土壤营养。莴苣要求肥沃、保水保肥力强的土壤,莴苣对施用堆厩肥等有机肥反应良好。有机肥配合氮、磷、钾比仅用氮、磷、钾效果要显著地好。施用氮、磷、钾完全肥比单施氮肥要显著地好,对以茎供食的莴笋尤为明显。结球莴苣对土壤的酸碱值反应敏感,以 pH 值为 6.5 时产量最高。莴苣对土壤酸碱值和土壤的适应性较强。

三、类型与良种

(一) 类型

莴苣按产品器官形态特征可分为叶用莴苣和茎用莴苣。

1. 叶用莴苣　叶着生在短缩茎上,叶色浅绿色、深绿色或紫红色,叶面平滑或皱缩,边缘有缺刻,不结球的称散叶莴苣,结球的称结球莴苣。叶用莴苣又可分为下列三种:

(1) 结球莴苣　叶全缘,有锯齿,叶面光滑或微皱缩，心叶形成叶球，呈圆球至扁球形，外叶开展。

（2）直筒莴苣 叶全缘或稍有锯齿，外叶直立，一般不结球，或结成圆筒或圆锥形的叶球。

（3）皱叶莴苣 叶具有深缺刻，叶缘皱褶，结成松散的叶球。

2. 茎用莴苣。即莴笋，叶较狭，先端尖或圆，茎部肥大，为主食部分，莴笋按叶片形状可分为尖叶莴笋和圆叶莴笋两类，各类依茎的颜色又有白笋和青笋之别。

（二）主要良种

1. 玻璃生菜。系广州市郊区地方品种。株高25厘米，开展度25~30厘米。叶近圆形，黄绿色。叶缘微波状，叶面皱缩，心叶抱合，品质脆嫩，无纤维。早熟，秋季播种至始收40天左右，耐热、耐寒、耐湿，单株重0.2~0.3千克，每666.7平方米产1500千克左右。

2. 软尾生菜。别名东山生菜、散心生菜，系广东省地方品种。株高25厘米，开展度35厘米。叶近圆形，较薄，黄绿色，有光泽，叶缘波状，叶面皱褶，疏心旋迭，心叶抱合，蓬松。中肋扁宽，浅白绿色，茎部乳汁较多。成株叶28片左右。叶肉薄，脆嫩多汁，味清香，微苦，品质好。早熟，耐热性弱，较耐寒，每666.7平方米产1500~1800千克。

3. 油麦菜。系广州市地方品种。叶簇生，较直立，株高40厘米，开展度27厘米，叶长披针形，色泽淡绿，叶面稍皱缩，叶缘微波状，质地脆嫩，清香味，早熟，耐热、耐寒、耐湿，单株重0.1~0.3千克，每666.7平方米产1500千克左右。

4. 大湖366。系美国、日本引进品种。株高18厘米，开展度38厘米，最大叶长23.2厘米，宽28厘米。叶阔扇形，绿色，微皱，叶缘波状，先端圆。叶球高14.4厘米，横径14.2厘米，叶球黄绿色，圆形，包球紧，质脆嫩，品质好，单株重500克。中晚熟，定植至收获50天，生长势强，结球性能好，抗病，每666.7平方米产3500千克。

5. 皇帝。系美国引进品种。株高19厘米，开展度15厘米，最大叶长20厘米，宽28厘米。叶阔扇形，绿色，叶面微皱，叶缘波状。叶球高15厘米，横径12厘米，近圆形，中等大，浅绿色，外叶绿色，质脆嫩，品质优良，单球重400克。早熟，定植至收获46天，抗病，耐热，每666.7平方米产2000千克左右。

6. 二白皮密节疤莴笋。系四川省成都市郊区地方品种。株高35~40厘米，开展度40~45厘米，叶簇较直立紧凑。叶片倒卵圆形，先端钝尖。长约24厘米，宽约12厘米，叶缘微波状，叶面微皱，浅绿色，中肋白绿色。茎棍棒形，纵长约30厘米，横径约5厘米，节密，茎皮草白色，肉淡绿色，肉质嫩，味香，品质好，单茎重约500克。早熟，定植至收获60天。耐热性强，抗霜霉病能力较弱，不易抽薹，每666.7平方米产1500~1800千克。

7. 挂丝红莴笋。系四川成都郊区地方品种。株高53厘米，开展度53厘米，长势较强，叶簇较紧凑。叶片倒卵形，叶面微皱，有光泽，叶缘波状浅齿，心叶边缘微红，叶柄着生处有紫红色斑块。茎呈长圆锥形，长30厘米，宽5厘米。茎肉绿色，品质好，单茎重600~700克。早中熟，播种后100~105天始收。耐肥、抗病，适应性强．每666.7平方米产2000~2500千克。

8. 苦马叶莴笋。系云南省地方品种，株高48~50厘米，开展度40厘米，叶长27~30厘米，宽15厘米；叶缘大波浪状，具深裂，花叶型，绿色，表面微皱缩。肉质茎长30~40厘米，横径5~6厘米，长棒形，茎皮白绿色，肉绿色，单茎重600~1000克，肉质脆，纤维少。早熟，生长期65~85天。耐热，生长快，不易抽薹，每666.7平方米产3500~5000千克。

9. 锣锤莴笋。别名鲤鱼嘴，湖南省地方品种。植株较紧凑，株高45厘米，开展度40厘米，节密，叶片绿色偏淡，长倒卵圆形，长29.7厘米，宽12.6厘米，叶缘上中部全缘，叶尖钝尖，叶面上中部平整，基部皱缩，蜡粉较多。肉质茎皮淡绿色，上细下粗呈锣锤形，长31.8厘米，粗4.9厘米。茎肉淡绿色，茎肥大多汁，易裂，脆嫩清香，品质好，单茎重500~600克。中熟，耐寒，较耐热，不耐肥，每666.7平方米产2000~2500千克。

10. 皱叶莴笋。系湖南省地方品种，植株较开张，株高42厘米，开展度41厘米，节密，叶片深绿色，长卵圆形，长28.3厘米，宽12厘米，叶缘波状，叶尖渐尖，叶面皱缩隆起，蜡粉较少。茎皮绿色，短棒状，长25.4厘米，粗4.5厘米。茎肉绿色，脆嫩，具清香味。叶柔嫩，无苦味，品质优良，单茎重450~500克。晚熟，耐寒不耐热，较抗霜霉病，抽薹迟，每666.7平方米产2500~3000千克。

11. 特耐热二白皮。特耐高温，稳产型品种。叶片长椭圆形，色浓绿。皮白嫩，茎粗棒。节间稀密适中。茎膨大期在气温20℃~30℃条件下生长效果良好（高温季节极不易抽薹）。一般定植后约48~50天收获，单株最重达1千克。该品种适宜在我国大部分地区春、夏、早秋种植。

12. 耐热二白皮。耐热性适中。叶片长卵圆形，半直立，色绿。皮嫩大白，节间稀，茎粗棒。茎膨大期在气温12℃~23℃条件下生长效果良好。单株最重可达1.5千克。一般定植后约48~50天收获，该品种宜在我国大部分地区秋、春季种植。

13. 耐寒二白皮。晚秋、冬季适用，耐寒。叶长大，椭圆形，色深绿，叶簇开展度大。皮特别白嫩，节间稀，茎特别粗棒。肉浅绿色。茎膨大期在气温10℃~20℃条件下生长效果良好。单株最重可达1.5千克。该品种宜在我国大部分地区晚秋、冬、早春种植。

14. 特耐寒二白皮。耐寒较强，定向培育。叶长大，椭圆形，色深绿。叶簇开展度较大。皮白嫩，节间稀，茎粗棒。在气温10℃~18℃条件下生长效果良好。单株最重可达1.5千克。该品种宜在我国大部分地区晚秋、冬季种植。

15. 特耐热大白尖叶。属尖叶类型耐热性较强的品种。叶片长尖叶，色浓绿。皮白嫩，茎粗棒，节间适中稍较密，茎膨大期在气温12℃~30℃条件下生长良好（高温季节不易抽薹）。单株最重可达1千克。该品种宜在我国大分地区秋、春季种植。

16. 耐寒一点红。耐寒性强。叶长卵圆形；前期叶片嫩紫与绿色相嵌状，后期逐渐变为绿色，心叶尖端带浅紫色。茎秆基部节间较稀且皮嫩白，茎粗大，肉绿色。单株最重可达1千克。该品种宜在我国大部分地区晚秋、冬、早春种植。

17. 特耐寒二青皮。耐寒性较强。叶片大、椭圆形、色绿，叶簇开展度大，长势强，茎特别高大粗棒，肉浅绿，茎膨大期在气温8℃~15℃条件下生长效果良好，单株最重可达1.5千克。该品种宜在我国大部分地区的晚秋、早冬种植。

四、秋提早栽培技术

（一）品种选择

宜选用耐热、生长快的早熟品种，如：耐热二白皮、特耐热大白尖叶、苦马叶、玻璃生菜、皇帝等。

(二) 播种育苗

1. 播种时间。自6月下旬至8月上、中旬均可播种。

2. 苗床选择。苗床地要选用避西晒、土质肥沃、排水良好、保水保肥力强的疏松菜土,并深翻烤晒过白。结合整地,施足基肥。

3. 低温催芽。莴苣种子的发芽适温为15℃~18℃,超过30℃,发芽困难。在夏秋播种宜采用低温催芽。方法如下:

(1) 吊井法　用凉水将种子浸泡1~2小时,去其浮籽,用湿纱布包好,置于井内离水面30厘米处,每天取出种子淋水1~2次,连续3~4天即可发芽。

(2) 冷冻法　将浸泡24小时后的种子,用湿纱布包好,放在冰箱或冷藏柜中,在-3℃~5℃的温度下冷冻一昼夜,然后将冷冻的种子放在凉爽处,经2~3天种子即可发芽。

(3) 拌沙法　将浸泡1~2小时后的种子与湿润细河沙混合,放置在山洞、防空洞、地窖中或水缸边,保持冷凉湿润的条件,3~4天即可发芽。

(4) 灌水覆盖法苗床经烤晒过白后,整平整细,撒播干籽,其上覆盖一层较厚的稻草,然后,用竹竿或砖块压住稻草。每天傍晚把苗床灌水湿透,2~3天后种子逐渐发芽。

4. 苗床管理。播种前先将床土浇湿浇透,等缩水后锄松表土，再行播种，早秋莴苣由于出芽困难，应适当增加播种量，每10平方米苗床用种子18~24克。播种后浇盖一层3~4成浓度的腐熟猪粪渣及覆盖一层薄稻草，或覆盖黑色遮阳网，出苗前双层浮面覆盖在苗床土上，出苗后用小拱棚或平棚换盖银灰色遮阳网。早晚浇水、追肥，保持床土湿润。

（三）整地定植

1. 整地施基肥。深翻烤土，结合整地每666.7平方米施腐熟堆肥和人畜粪2000千克、饼肥70千克与复合肥50千克。采用深沟高畦，畦高0.3~0.4米，畦宽1.1米左右，平整畦面，还可撒上适量的有机堆肥，以利幼苗定植后扎根。

2. 及时定植。早秋莴苣定植要严格掌握苗龄和定植密度，一般以25天苗龄定植为宜，行距0.3~0.35米，株距0.25米，每666.7平方米栽6000~7000株。

（四）田间管理

1. 遮阳网管理。在大棚上盖好遮阳网后，选阴天或下午定植，或定植后搭建遮阳网小拱棚，并及时浇压蔸水。如盖黑色遮阳网应在幼苗缓苗后开始生长时拆去；而盖银灰色网者一般盖10~20天拆去。

2. 中耕及肥水管理。莴苣根系浅，再生能力弱，受伤后易流出乳白色汁液，有害生长，因此应少中耕。加强肥水管理，应淡粪水勤浇，经常保持土壤湿润，促进茎叶生长，防止因缺水、缺肥引起的先期抽薹。特别是对于早秋结球莴苣，进入封行或结球后，更要重视灌溉。为了提高产量，有条件的还可喷施植宝素、植物动力2003等，促进茎叶生长。

（五）病害防治

1. 霜霉病。在发病初期可用40%乙磷铝150~200倍液或25%百菌清500倍液或25%甲霜灵800倍液或45%代森铵900~1000倍液或25%瑞毒霉可湿性粉剂500倍液喷施，每隔5~7天喷1次，连续2~3次。

2. 软腐病。发病初期及时拔除病株，并在病穴四周撒少许石灰。同时，可用链霉素200毫克/升或敌克松，500~1000倍液或50%代森铵800~1000倍液，每5~7天喷一次，连续2~3次。

（六）采收

早秋莴苣应及时采收，莴笋的采收标准是心叶与外叶平，或现蕾以前为采收适期，过早采收影响产量，过迟则易抽薹开花，空心。最早可在定植后45天上市，叶用莴苣根据需要，可适当提前采收，以满足市场需求。

第二节 芹　菜

一、经济价值

芹菜为伞形科芹属的二年生蔬菜。别名芹、旱芹、野园菜等。芹菜原产欧洲南部地中海沿岸、瑞典、埃及等沼泽地区。15世纪传入中国，栽培历史悠久，我国南北方都有广泛栽培。芹菜栽培较简便，产量高，栽培方式多，若全年排开播种，可周年供应市场，在叶菜类中占有重要地位。

芹菜主要以叶柄供食，软化栽培后，组织柔嫩，品质风味更佳。其营养丰富，每100克含水分94克、碳水化合物2克、蛋白质2克、脂肪0.22克，并富含多种矿物质和维生素。芹菜茎叶中含有挥发性芳香油，具香味，能促进食欲。芹菜又是中草药，具有降血压、镇静、健胃、利尿、滋阴润肺等功能。

二、生物学特性

（一）植物学特征

1. 根。芹菜属直根系，经移栽后，主要根系分布在17~20厘米深的土层内，多数根系密布土表。芹菜根的输导组织随着根的增粗而发达。

2. 茎。芹菜的茎为短缩茎，上着生叶柄。短缩茎具有分蘖的特性。通过阶段发育后，短缩茎在春季伸长抽薹为花茎。

3. 叶。芹菜叶为奇数二回羽状复叶，叶柄肥大，为主要食用部分，空心或实心。叶柄深绿色、黄绿或白色，叶柄上有纵棱，表皮下有发达的薄壁细胞，也有厚角组织与维管束。若厚角组织和维管束发达，则品质下降。

4. 花。芹菜为异花授粉作物,自交也能结实。伞形花序,花小,黄白色,属虫媒花。

5. 果实与种子。芹菜果实为双悬果,成熟开裂为二,半果近扁圆球形,即生产上用的种子,种子褐色,千粒重约0.4克。

(二) 环境条件

1. 温度。芹菜性喜冷凉气候,种子于4℃开始发芽,发芽最适温15℃~20℃,高温下发芽较慢。芹菜幼苗能耐高温,幼株能耐-7℃的低温。芹菜生长适温为15℃~20℃,26℃以上生长不良,品质变劣。芹菜属绿体低温春化型植物,在种子萌动阶段,对低温无感应,必须在一定大小的幼苗才能接受低温春化。

2. 光照。芹菜属长光性植物,低温通过春化阶段后,需在长日照条件下通过光照阶段而抽薹开花。芹菜不耐强光照,光弱促进纵向伸长,光强则伸长被抑制,而向横向扩展,即光强时表现横展性,而光弱时呈直立性。

3. 水分。芹菜喜湿润环境。芹菜根的皮层组织中输导组织发达,能从地上部向根部输送氧气,即使在土壤渍水的状态下也能忍耐,同样生长得好。土壤水分充足,根系发达,叶的同化量增加,反过来促进地上部的旺盛生长。

4. 土壤营养。芹菜根系分布在浅土层内,吸收能力弱,一般栽培密度又很大,对土壤养分和水分要求高。因此，宜选择保水保肥力强，有机质含量丰富的壤土栽培。芹菜宜施用完全肥料，初期和后期缺氮对产量影响较大，初期缺磷比其他时期缺磷影响大，后期缺钾比初期缺钾影响大。缺硼常使芹菜叶柄开裂。

三、类型与良种

（一）类型

芹菜有两个变种，一为叶用芹菜，主要食用叶柄；另一为根用芹菜，主要是食用根。目前生产上主要以叶用芹菜为主。叶用芹菜根据叶柄肥厚的程度、髓腔状况、颜色、品质及栽培方式等可分为本芹和西芹两种类型。

1. 本芹。又称中国芹菜、本地芹。其特点是生育期较短，挥发性药香味浓，叶柄细长，多数中空，以熟食为主。本芹又依叶柄颜色分为白色种和青色种。白色种叶较细小，淡绿色，叶柄黄白色，植株较矮小而柔弱，香味淡，品质好，易软化。青色种叶片较大，绿色，叶柄粗，绿色，植株高大而强健，香味浓，丰产，不易软化。

2. 西芹。又称西洋芹菜、洋芹。由欧美引入，其特点是生育期较长，药香味较淡，叶柄宽且厚，实心，纤维少，可作生食或熟食。

（二）主要良种

1. 天津白庙芹。系天津市郊区地方品种。株高80厘米以上，叶色浓绿。叶柄上部绿色，下部黄绿色，底部白色，实心，叶柄长约52厘米，品质脆嫩。中晚熟，定植至收获100天。适应性广,耐肥力强,耐热,耐雾,耐贮,一年四季均可栽培,春栽不易抽薹,单株重100克左右,每666.7平方米产6000千克左右。

2. 开封玻璃脆芹。系广东佛山市郊区地方品种。株高90厘米以上,根群较大。叶绿色,叶片较大,每株有12片叶左右,叶柄浅绿色,实心,叶柄长52厘米,宽2.1厘米,厚0.95厘米,肉质脆嫩,药香味小,纤维少。单株重300~500克。中晚熟,从定植至收获需90~100天。适应性广,抗逆性强,耐贮存,适于春、秋露地栽培或越冬保护地栽培,每666.7平方米产5000~7000千克。

3. 津南实芹。系天津市郊区地方品种。生长势强,株高90厘米左右,叶片绿色。叶柄浅绿色,实心,叶柄长52厘米左右,宽约1.5厘米,药香味中等,纤维少。单株重约250克,中熟,从定植到商品菜成熟收获需90~100天。抗逆性强,适应性广,耐贮,除夏季外,其他季节均可栽培,春季不易抽薹,每666.7平方米产5000~6500千克。

4. 长沙青梗芹。系湖南长沙市郊区地方品种。株高50厘米左右,开展度40厘米。叶绿色,叶柄绿色,中空,断面近圆形,叶柄长28.7厘米,宽0.8厘米,厚0.7厘米。叶柄基部绿白色,每株叶数10~13片。叶柄脆嫩,香味浓,单株产量50~70克。早中熟,从定植至收获约需60~70天。耐热、耐寒、生长快、冬性弱,2月底至3月初抽薹,宜作早、中熟栽培,每666.7平方米

3500~5000千克。

5. 草白芹。系四川省成都市郊区地方品种。叶簇直立，株高40~50厘米，开展度10~15厘米，奇数二回羽状复叶，小叶近圆形，叶缘有浅缺刻，黄绿色，新叶淡黄色，叶柄绿白色，中空，叶柄长35~40厘米，宽0.8~1.0厘米，肉质脆嫩，纤维少。中熟，从定植到始收约60天，耐寒性强，耐热性弱，抗病，宜作软化栽培，可春栽、秋栽，每666.7平方米产2500~3000千克。

6. 广州白芹。系广东省广州市郊区地方品种。株高55~60厘米，分枝多，叶细而密，浅绿色，叶缘深锯齿。叶柄白绿色，叶柄长37厘米，宽1.1厘米，肉质脆嫩，香味浓。早中熟，抗病，耐热，播种至收获120~140天，每666.7平方米产3500千克左右。

7. 意大利冬芹。系意大利引入品种。植株生长旺盛，后期生长速度快，株高90厘米，开展度32~44厘米。叶片深绿色，叶柄绿色，实心，叶柄长45厘米，宽2.1厘米，厚1.7厘米，肉质脆嫩，纤维少，药香味淡。分蘖率较高，每株分3~4个蘖。单株产量为500~1000克。晚熟，苗期需60~70天，从定植到收获约120天，抗病，抗寒，耐热，耐湿，适于春、秋露地栽培或越冬保护地栽培，每666.7平方米产6500千克以上。

8. 意大利夏芹。系意大利引入品种。植株生长旺盛，较直立，株高90厘米，开展度30~40厘米。叶片深绿色，单株叶数12片左右。叶柄绿色，表面光滑，组织充实，实心，叶柄长44厘米，宽2.1厘米，厚1.8厘米，品质脆嫩，每株分蘖1～2个，单株重550～1400克。晚熟，从定植至收获120天，苗期生长缓慢，抗病，抗热，也耐寒，每666.7平方米产7500千克以上。

9. 美芹。系美国引入品种。植株粗大，株高90厘米以上，开展度34～41厘米，叶绿色，叶柄绿色，实心，叶柄长44厘米，宽2.4厘米，厚1.6厘米。肉质脆嫩，药香味淡，单株毛重可达1.0千克。晚熟，从定植至收获120天以上。耐寒、抗热、耐贮、不易抽薹，适于春、秋露地和冬季保护地栽培，每666.7平方米产6500千克左右。

10. 佛罗里达西芹。系美国引入品种。株高70～80厘米，开展度30～35厘米，叶深绿色。叶柄绿色，表面光滑，实心，叶柄长33厘米，宽2.8厘米，厚1.8厘米，肉质脆嫩，品质极佳，药香味淡。单株重550～650克。晚熟，从定植到收获120天以上，苗期生长缓慢。适于春、秋露地及冬季保护地栽培。

四、秋提早栽培技术

(一) 品种选择

早秋气温高，宜选择耐热、生长快的早熟或早中熟品种，如青梗芹菜、津南实芹、玻璃脆芹、意大利西芹等。

(二) 培育壮苗

1. 准备苗床。选凉爽避西晒和前作为春黄瓜或速生叶菜类的"熟土",每10平方米苗床可供100平方米大田育苗用。于播种前15天深翻33厘米深,烤晒过白,再整平整细,结合整地,每666.7平方米苗床施入优质土杂肥或腐熟畜粪5000千克,并撒施石灰200～250千克。整地后将准备的药土(每平方米10克70%五氯硝基苯与20千克干细土混合)的1/3均匀撒于苗床表面作垫土,剩余的2/3播种后盖没种子。

2. 播种。播种时间为6月上旬,每666.7平方米大田用种100克。播种时如天气凉爽可直播,如气温较高则须低温浸种催芽。催芽方法可参考莴苣种子催芽。播种前应先将床土浇湿浇透,等缩水后,用锄头锄松表土,于傍晚时播种。播种时为了播种均匀,可将发芽种子拌入等体积的细沙或细煤灰或干细土,分次播种。先播稀一点,再补播均匀。最后盖上一层薄薄的拌有五氯硝基苯的药土。

3. 苗期管理。播种后立即在小拱棚或平棚上覆盖遮阳网。做到昼盖夜揭,播发芽籽者宜先盖黑色遮阳网至出苗破心,破心后改盖银灰色遮阳网至幼苗移栽。播湿籽者首先盖双层黑色遮阳网至出苗,然后改盖单层黑色遮阳网到破心,破心后改盖银灰色遮阳网,这样既有利于遮阳降温,促进早出苗,提高出苗率,又能保湿,减轻劳动强度,还能炼苗,有利于培育芹菜壮苗。芹菜苗期应重视肥水管理。播种后,要经常保持土壤湿润,每天应浇水一次。幼苗破心时,可浇施一成浓度的稀粪水提苗。以后视苗床湿润情况每两天喷水一次。发现幼苗缺肥瘦弱时，可追施 1~2 成浓度的淡粪水。若苗床湿度过大，应及时敞棚或采用在苗床撒干细土的方法降低湿度，否则，幼苗易发生猝倒病。芹菜壮苗标准为：株高 10~15 厘米，真叶 4~5 片，叶片肥厚，叶色深绿，根系发达。

（三）整地施肥

早秋芹菜栽培前作多为春黄瓜、春番茄、早茄子等。前作收获后，应及时深翻，利用强烈阳光烤晒过白，结合整地施入基肥与石灰，一般每 666.7 平方米施腐熟人畜粪 3000 千克，饼肥 75 千克，复合肥 50 千克，施石灰 250 千克。整成深沟窄畦，畦宽 1.1 米。

（四）合理密植

在 7 月中、下旬开始定植，苗龄一般以 40~50 天为宜。定植前先用浓粪渣"盖脚"，晒干后，在阴天或晴天傍晚选择壮苗定植。定植宜浅，深度为 1~1.5 厘米，以不埋住新叶为宜。按行距 16 厘米开沟，丛距 10 厘米，梅花式定植，每丛 2~4 株，每 666.7 平方米栽 25000~30000 蔸。

（五）定植后的管理

定植后及时浇透压蔸水，并在大棚上或搭建小拱棚覆盖黑色或银灰色遮阳网。遮阳网在大棚的西晒面全部覆盖，而东晒面只盖顶部，一直盖至上市。定植后的次日"复水"。由于盖有遮阳网降温保湿，缓苗快，第三天"歇水"。至幼株长至 10~13 厘米高前，每隔 2~3 天追施一次轻粪水。为防止土壤板结，可浅中耕2次。等长至15~18厘米时，每隔3~5天追施一次轻粪水和0.5%的尿素，并浅中耕2次。经常保持土壤湿润，施肥应掌握土干淡浇，土湿浓浇。在芹菜采收前2~3周，可用0.001%~0.002%的赤霉素喷洒1~2次。并配合肥水管理，最好是配合叶面追肥进行，这样可使芹菜高度增加，叶柄变粗，叶片数增加，产量提高30%左右。

（六）病虫害防治

1. 病害。苗期主要有猝倒病，发现病株，应及时清除，并撒施药土。可用50%多菌灵拌干细土25千克撒施，或用50%多菌灵1000倍液或50%代森铵1000倍液或75%百菌清800倍液喷雾。成株病害主要有叶枯病和早疫病。可用75%百菌清可湿性粉剂800倍液或70%代森锌可湿性粉剂500倍液、40%甲基托布津600~800倍液喷雾，隔5~7天喷1次，连续2~3次。

2. 虫害。芹菜虫害主要有斜纹夜蛾和蚜虫。斜纹夜蛾可用40%速灭杀丁6000~7000倍液或25%灭幼脲3号500倍液或功夫或灭杀毙喷雾防治。蚜虫可用40%氧化乐果乳油800倍液喷雾防治。

（七）采收

早秋芹菜可于9月中、下旬采收上市，最早的定植后40天即可上市。一般株高45厘米，蔸重150克左右，每666.7平方米产量可达3000~4000千克。

第九章 无公害反季节芽苗菜生产

芽苗菜在我国有悠久的栽培历史，其中豆芽菜自古以来就是南北各地人民喜爱的传统蔬菜。随着人民生活水平的不断提高和食物结构的日益优化，芽苗菜作为优质、保健、无污染的高档蔬菜越来越受消费者青睐，成为一种特色蔬菜，是宾馆、饭店、火锅城的时尚蔬菜。

第一节 概 述

一、芽苗菜的概念及种类

芽苗菜的范围非常广泛，王德槟等认为："凡是利用作物种子、根茎、枝条或其他贮藏器官在黑暗、弱光（或不遮光）条件下直接生长出可供食用的芽苗、芽球、嫩芽、幼茎或幼梢，均可称为芽苗类蔬菜。"芽苗类蔬菜根据营养来源不同又可分为籽（种）芽菜和体芽菜两类，籽芽菜主要指利用种子贮藏的营养直接形成的幼嫩的芽或芽苗，如萝卜芽、绿豆芽、黄豆芽、豌豆芽、蕹菜芽、香椿芽等；而体芽菜指利用二年生或多年生作物的宿根、肉质根、根茎或枝条等器官和组织中积累的养分经发芽形成芽球、嫩芽和幼梢等，如姜芽、芦笋、菊苣、树芽香椿（香椿嫩梢）、枸杞头、豌豆尖、辣椒尖、蒌蒿等。

芽苗菜种类很多，仅能生产种芽苗菜的就有豌豆、黄豆、绿豆、蚕豆、赤豆、花生、苜蓿、萝卜、芥蓝、香椿、荞麦、向日葵、菊苣、蕹菜、枸杞、芝麻等；此外还有枸杞头、花椒芽、姜芽、蒜黄等10多种芽苗菜。芽苗菜在产品销售时可活体上市，也可以离体采收上市，前者主要指商品成熟时整盘（盒）仍处在成活状态的芽苗产品，后者是指商品成熟时切割收获，以小捆、小盒包装或小袋包装面市。活体上市的优点是植株鲜活、富有生机、容易吸引消费者，但运输费工；离体采收上市则便于包装和橱窗展示，同时也方便作产品宣传，携带方便。

二、芽苗菜的特点

（一）芽苗菜是活体蔬菜

芽苗菜在贮运过程中或加工成菜肴之前仍保持活体或鲜活状态，如果能满足适当温度和湿度，这些产品可保持色、鲜、嫩的特点，甚至还可以继续生长，暂放一段时间。

（二）芽苗菜大多属于营养、保健、高档蔬菜

芽苗菜含有丰富的维生素、矿物质及多种氨基酸，如每百克绿豆芽含维生素C 30~40毫克，并含天门冬氨酸、

酪氨酸、缬氨酸等17种氨基酸和大量的钙、磷、铁等矿质元素；娃娃萝卜菜除含大量的维生素C外，还有少量维生素A和部分B族维生素。

芽苗菜还具有某些医疗保健效果，如芦笋幼茎富含天门冬氨酸、天门冬酰胺以及甾体皂甙，对治疗癌症、心血管疾病、水肿等有一定帮助，是著名的抗癌蔬菜。香椿芽具有兴阳滋阴作用，对不孕者有益，有"助孕素"之称。荞麦芽含有芸香苷，对高血压和糖尿病均有一定防治效果。苜蓿芽含有钾、钙等多种矿质和维生素，对关节炎、营养不良症状及高血压都有良好疗效。香椿芽水煎剂可治疗皮肤病，且香椿的特殊香味能增进食欲。

（三）芽苗菜是无公害蔬菜

芽苗类蔬菜产品形成所需的营养是来自种子或根、茎等营养贮藏器官，而且芽苗菜大多在大棚、温室和室内等保护地生产，有的还不需要土壤而采用无土栽培，生产中一般不施用化肥、激素和农药，栽培的器具、基质也经灭菌处理，所用水水质洁净。因此，属于无毒、无污染的无公害蔬菜。

（四）芽苗菜的生产方式多样

芽苗菜的种类繁多，有的芽苗菜如蕹菜苗、荞麦苗等喜适当高温，较适合在炎热夏季进行栽培；而萝卜芽、豌豆苗、苜蓿芽、香椿芽则要求冷凉环境，尤其在产品形成期一般不需要很高温度，因此，较易在寒冷季节进行保护地栽培。芽苗菜生产一般不需照光甚至需要黑暗环境，所以可以在温室、塑料大棚等保护地中栽培，还可利用空置民房、厂矿用房进行生产。既可进行土壤栽培，也可通过盘栽、盆栽、盒栽等形式进行水培。在棚室内不但可以单层平面栽培，还可采用各种立架进行立体栽培。

（五）芽苗菜是高效蔬菜

芽苗菜生产方法简单，场地不限，形式灵活，种类多样，生产周期短，一般生产周期为 7~15 天，一年可生产多茬。芽苗菜的产量一般可达到生产用干种子重量的 4~10 倍，也就是说 1 千克干种子可获得 4~10 千克的芽苗菜，生物效率高。此外，由于采用立体栽培，扩大了单位面积的利用率，生产效率进一步得到提高。例如，1 千克香椿种子可生产出 8~9 千克芽苗，生长期 15 天，每平方米可生产 1~2 千克芽苗。

（六）芽苗菜食用方法多样，风味独特

芽苗菜有多种食用方法，如生吃、凉拌、炒食、做馅、做汤、盐渍、制罐等。

生吃与凉拌 可先用清水洗净，再用开水烫过即可食用。生食或凉拌一般需用酱油、醋、香油、味精等调味品调味，有的还用糖、葱、姜、蒜等调味。

炒食与做馅 炒食需速炒，并配以鸡蛋、瘦肉丝等，也可素炒。

做汤与盐渍 萝卜芽、香椿芽等是做汤、吃火锅的上佳原料，在火锅中稍稍烫煮，既脆又香，风味独特。

  制罐 通过对芦笋等进行制罐既能延长保存时间，又可增加花色品种，是出口创汇的蔬菜产品。

三、芽苗菜的生产条件及一般程序

（一）生产条件

1. 生产场地。芽苗菜的生产场地不限，可以利用温室、阳畦、地窖、大棚或其他简易保护设施，也可以在室内或阳台进行家庭小型生产，还可在工矿企业的厂房内进行工厂化规模生产。此外，还可在园田生产。不管选择哪种生产形式，其生产场地均须具备如下条件：一要满足芽苗菜生产对温度的要求。催芽室能保持温度 20~25℃，栽培室白天20℃或稍高、夜晚不低于16℃。具有加温设施以利寒冷季节的生产，降温保湿的措施必须具备，以便在炎热的夏秋进行栽培。具有强制通风、喷水设施。二要满足芽苗菜生产所需光强。芽苗菜生产一般需遮光或仅有散光，在大棚等保护地生产，夏秋季节应能遮光，且遮光材料便于覆盖和拆去，以利后期照光绿化。三是应具备洁净的自来水源、贮水池，以满足芽苗菜生产全程对水的需求。四是生产场地和有关设施应清洁整齐，无污染。

  具体而言，作为规模化的商业生产，夏季可在大棚（覆盖棚膜，两侧留 1~1.2 米不盖，棚上再盖遮阳网）或有降温通风设施的室内进行，冬季宜在温室或有供暖设施的室内生产。若气温高于18℃而又不炎热，则可在露地生产，但需用遮阳网遮荫，避光直射，同时加强喷水，保持较高湿度。

2. 生产设施。①栽培架：为提高生产场地利用率、充分利用空间进行立体栽培，可设计专用多层立体栽培架，有条件的地方采用角钢制作，栽培架的规格应依据场地空间大小和栽培容器的尺寸而定。栽培架一般分5层，每层摆放5个或6个塑料育苗盘（60厘米×24厘米×5厘米），每架计25个或30个育苗盘，两层之间相距35厘米。亦可用木制栽培架。为便于栽培架移动，最好在架底安装能自由转向的4个小轮。②产品集装架：为了方便芽苗菜整盘运输，应制作产品集装架，规格主要根据拟采用的运输工具（汽车、三轮车）的大小而定，但层间距缩小，适当增加集装架的层数。③栽培容器：栽培芽苗菜通常采用轻质的塑料育苗盘，常用规格为长60厘米、宽24厘米、高5厘米。④栽培基质：选用洁净、无毒、吸水能力强、来源广泛、价格便宜的材料如新闻纸、草纸、包装用纸，白棉布、无纱布，泡沫塑料，珍珠岩等作栽培基质。⑤喷水设备：芽苗菜需水量很高，生产过程中栽培场所和栽培床须经常喷水保持湿度。生产上一般采取少喷勤喷的补水办法，可使用小型喷雾器、淋浴喷头或小孔塑料喷壶进行喷水。出苗前喷水的力度可稍大些，出苗后应轻喷，防止幼苗损伤。⑥其他设备：生产芽苗菜的其他设备有浸种池、消毒淘洗池、催芽室等。

(二) 一般程序

芽苗菜的种类很多，栽培方式多样，据研究有生产应用价值的芽菜种类有 30 余种。这些芽苗菜的生产一般需经过如下环节。

1. 种子清选及浸种

①种子清选：用于芽苗菜生产的种子应提前晒种，以杀灭病菌，提高种子发芽率。晒种后采用风选、人工清选、盐水清选等程序，去除虫蛀、破残、霉变、畸形、干瘪的种子，使用于生产芽苗菜的种子整齐、饱满、清洁，以提高种子发芽率、出苗率和芽苗生长的整齐度，从而提高产品的商品价值。对于一些种子完整、无病害、但大小不一的情况，应进行简单清选分级，大、小种子分别播种，切忌混播，否则，芽苗生长参差不齐，看相差。

②浸种：经清选的种子即可进行浸种，通常先用 30℃ 洁净清水将种子淘洗 2～3 次，洗净后放入超过种子体积 2～3 倍的 20℃ 清水中浸种。浸种时间因种子不同而有较大差别。据张德纯等（1998）研究，豌豆、黄豆、红小豆、绿豆、蚕豆、花生等芽苗菜种子发芽所需最适浸种时间是 24 小时，而苜蓿为 6 小时，萝卜、芥蓝等需 8～12 小时，向日葵、芝麻需 8 小时，蕹菜种子的浸种时间则需 36 小时。若水温较低则浸种时间需适当延长。

浸种结束后再用清水淘洗种子 1～2 次，轻轻搓揉、冲洗，洗去种皮表面的黏液，然后捞出种子，沥去水分，准备播种。

2. 播种与催芽。浸种后立即播种,将播好种的苗盘摞5~6个,摆在地面上或置于栽培架上,豌豆、萝卜、荞麦等发芽快的芽苗菜生产可采用此法。具体操作是:清洗、消毒苗盘,苗盘内铺基质,撒播种子,叠盘上架并注意上下用保湿材料保湿,催芽室催芽,完成催芽后将苗盘移至栽培室上架栽培。栽培期间,控制好温度,上、下层苗盘之间进行调换,促盘与盘之间生长一致。同时需进行喷水补充水分,一般以基质和种子湿润而无水滴下落为宜,以勤喷少喷为佳。栽培室还应加强通风,保持空气清新。

对于发芽较慢的种子,通常在浸种后撒播于苗盘进行集中催芽,待幼芽露白(芽长1~2毫米)后再行播种及叠盘催芽。

豌豆苗每盘播种量350~450克,催芽需2~3天,催芽适温为18℃~22℃,待苗高1~2厘米时出盘上栽培架。萝卜芽生产时,每盘播种量80~100克,催芽在23℃~26℃下进行,需2~3天,芽苗高约1厘米时上架栽培。

3. 出盘后管理。待催芽一定时间后即可出盘。出盘的早迟主要根据种子发芽情况确定,太早则部分种子尚未发芽,出盘后生产不整齐,太迟常会因叠盘造成透气差、湿度大而烂种变霉。由于催芽是在黑暗或微光、高湿环境中进行的，因此，通常在苗盘移入栽培室之前置于湿度稳定的弱光条件下适应一天。芽苗菜生产忌强光，所以生产上光照管理以弱光为宜。对于夏秋季节在光照较强场所生产芽苗菜的，需用遮阳网进行遮光，防止强光及高温影响，否则芽苗菜容易产生辣味和苦味，且纤维素含量高，口感差。栽培期间还须加强温度管理，一般保持在18℃～25℃比较适宜，超过30℃对生产不利，温度太低则幼苗生产缓慢，生产周期长。夏季炎热时可采用遮光、喷雾、排风以及地面喷水等措施降低温度。有的芽苗菜如蕹菜苗、萝卜芽等需在采收前移至光照较强的环境条件下进行"绿化"，以此促进芽苗的生长，增加产量，绿化时间为1～2天。

四、芽苗菜生产的注意事项

（一）严格把好种子质量关和消毒关

种子质量的好坏直接关系到种芽苗菜的品质和产量，因此，生产上必须严格把好种子质量关，选择新鲜、饱满、发芽率高不带病菌的种子。对生产设施如培养架、培养盘、培养室和生产过程中使用的生产工具要严格消毒。

1. 种子消毒 可用50℃～55℃水搅拌烫种5分钟，或用0.1%高锰酸钾溶液浸泡15分钟，捞出种子，再用清水漂洗干净。

2. 棚室消毒 生产芽苗菜的棚室必须保证清洁，生产前对其消毒。消毒方法是用硫磺粉250克、锯木屑500克混合后密闭熏烟12小时，可消毒约100平方米的棚室。

也可用10%石灰水洗刷墙壁。

3. 基质与用水消毒 基质和用水可采用漂白粉溶液消毒，浓度为百万分之一。如果芽苗菜是采用床土栽培，则用福尔马林100倍液将床土喷湿，堆好拍实，用塑料薄膜密闭熏蒸4~5天，揭膜将床土摊开晾晒一周，散尽药味后即可播种生产。还可进行多菌灵消毒，即按每立方米床土加80克多菌灵充分混合后盖膜密闭一周，然后摊开晾晒10天左右，待药味消除后才能使用。

（二）生产中常见问题及处理办法

1. 烂种烂芽。芽苗菜生产一直处于高湿环境，且光照较弱，生产上易出现烂种烂芽现象。预防烂种主要是精选种子，其次是对场地、用具彻底消毒，催芽期要控制水分和温度，不可过高过低，尤其要严防高温高湿。对于烂芽要及时去除，防止病菌蔓延，同时用500倍百菌清溶液进行喷洒消毒。

2. 芽苗不整齐。生产中经常出现芽苗菜高低不齐的现象，主要是种子大小不匀、质量差别大，播种不均匀、喷水不一致等原因引起的。生产过程中应经常调换育苗盘的位置，适当叠盘，喷淋要仔细均匀，保持盘与盘之间环境条件一致，对长得较矮的苗盘可实行遮光促长。

3. 品质差。芽苗菜是品质柔嫩、风味独特、营养丰富的优质高档蔬菜，对其产品的要求比一般蔬菜高。而生产上常发现芽苗菜粗硬、品质差的情况，主要原因是强光、干旱和高温导致纤维增加。因此，生产过程中要保持较高湿度、适当的温度和较弱光照。同时严禁用金属器具浸种、催芽和栽培。

4. 种子"戴帽"和芽苗变黄。有些种子在出苗过程中种壳不脱落（戴帽），对于这些种子应进行多次喷雾、软化种壳，促进"脱壳"。采用床土栽培时宜适当深播，也可在其出苗后盖湿沙土，增加压力，达到脱壳的目的。

第二节 娃娃萝卜菜

娃娃萝卜菜又称娃娃缨萝卜，是用萝卜种子发芽培养的萝卜幼苗，俗称萝卜芽。萝卜芽喜温暖湿润的环境，不耐干旱和高温，对光照的要求不严格，发芽期不需光照。芽苗生长的最适温度为20℃~25℃，低于14℃或高于30℃对生长都不利，萝卜芽生长较快，生产周期一般为5~7天。生产上通常采用育苗盘无土栽培，每盘播种100克左右，可生产0.8~1千克的萝卜芽。也可采用传统的土壤栽培法，还可利用细沙、珍珠岩等基质进行营养液栽培。

一、育苗盘生产法

（一）品种选择

各个品种的萝卜种子均可生产萝卜芽，但生产上一般选来源广泛、价格便宜的品种生产萝卜芽，如湖南娃娃萝卜、六缨萝卜等。

（二）浸种

选用种皮新鲜、有光泽、籽粒大且有萝卜香味的新种子，将种子进行水选去除干瘪劣质种子，在20℃清水中浸泡6~8小时，待种子充分吸水膨胀后捞出沥去水分即可播种。

（三）催芽

在已消毒洗净的塑料育苗盘内铺1层干净的报纸，用水湿润报纸，然后在育苗盘内撒播1层萝卜种子。将10盘叠成一摞，最上一层盖湿布，将温度控制在20℃~22℃，进行遮光保湿催芽。催芽过程中要每隔半天倒1次盘，同时每隔6~8小时小心喷淋温水，保持种子及垫纸湿润，以盘底无水珠下滴为宜。萝卜种子1天后露白，2~3天后幼芽可长到4厘米高。

（四）上架培养

当盘内萝卜芽将要接近上盘底部时即可摆盘上架，亦可平放地面培养。在遮光条件下保温22℃~25℃、保湿70%~80%，5~6天后芽长10厘米以上，子叶平展，真叶出现，此时可进行见光培养，第一天先进行散光处理，第二天再置室外进行自然光照射，待叶片由黄绿色转为绿色、胚轴稍红时即可采收。

二、传统栽培法

（一）苗床准备及播种

萝卜苗也可以沿用传统方法进行土壤栽培或沙培，若采用沙培，则须先将场地铲平，用砖砌宽约1米、长10~15米的苗床，在苗床内铺10厘米厚的干净细沙，用清水将沙床湿透后即可播种。将浸泡过的萝卜籽拌少量干沙，然后均匀撒播，每平方米播种200克左右，播后盖细沙2厘米厚，再盖薄膜以保温保湿，促进发芽。

(二) 苗床管理

播种后3~4天种芽开始拱土，此时要揭去薄膜适当降温，同时要喷淋清水，补充水分。幼苗出土后就可见光生长，经4天左右，幼苗长到10厘米高时即可采收。为促进幼苗生长、提高芽苗产量，在苗高3~4厘米时应施一次肥水（0.1%尿素或碳酸氢铵）。

(三) 采收

将沙床一端的砖拆去，露出芽苗，将萝卜芽一把一把地连根拔起，洗去沙子，捆成小把上市销售。

第三节　豌豆苗

豌豆又名荷兰豆、回回豆、寒豆、胡豆等，属一年生或两年生攀缘草本植物。豌豆的种子、嫩荚、嫩梢和嫩苗（芽苗）均可供食，含有大量的蛋白质和丰富的维生素。豌豆种子在萌发过程中蛋白质分解成氨基酸，更易为人体所吸收。豌豆（种子）含蛋白质7%，碳水化合物12%，维生素C 14毫克/100克。豌豆苗含水分多，除蛋白质、碳水化合物比豌豆含量低外,其维生素C含量丰富,高达53毫克/100克。

豌豆苗又称龙须豌豆苗,性平味甘,有利小便、止泻痢、益中气、消痈肿之功效。经常食用豌豆苗可减轻高血压、心脏病、糖尿病患者的症状。

豌豆较耐寒冷而不耐热,幼苗期耐受低温能力最强。豌豆种子在2℃~3℃即开始发芽,发芽适温为18℃~20℃,发芽最高温度为36℃,豌豆苗生产的最低温度为14℃,最适温度18℃~23℃,最高不得高于30℃。生产周期较短,一般为8~10天。若采用育苗盘生产,每盘播种量在350~450克,苗高12~15厘米时采收,每盘可产芽苗1.5~2千克。

(一) 品种选择

豌豆诸多品种均可生产豌豆苗,在实际生产中通常选用大荚豌豆,其幼苗期茎叶生长迅速,子叶肥嫩。种皮厚的品种浸种催芽和芽苗形成期不易霉烂。主要品种有青豌豆,它籽粒小,灰绿色。较耐高温,生长快,不易腐烂,但茎叶小,品质较差。花豌豆,又称麻豌豆,花皮粒大饱满,不烂种,茎叶粗大,生产的芽苗壮实、看相好,是常用品种。

(二) 生产过程

豌豆苗生产主要有以下环节,即精选品种→浸种→播种→催芽→喷淋倒盘→摆盘上架→保温遮光培养→见光培养→采收上市。

1. 浸种。对已选定的品种提前进行晒种1~2天，然后剔去虫蛀、破残、霉烂和不饱满的种子。因豌豆种皮较厚硬，吸水较慢，应首先将种子用50℃~55℃温水浸泡5分钟，再在淘洗之后置于20℃~25℃温水中浸泡8~10小时，每隔2~3小时翻动一次。浸种后轻轻揉搓，淘洗种子2~3次，捞出沥干水分即可播种。充分吸水的豌豆种子，种皮皱纹消失，籽粒膨胀，胚根在种皮内清晰可见。

2. 播种。将与盘底大小相当的无纺布或尼龙纱布铺于育苗盘，种子均匀撒播在盘内，每盘播豌豆种子350~400克。播后种子上盖一层无纺布，用小孔喷壶浇水，以盖布上积少量水为度。盖无纺布是防止浇水时种子滚动，造成种子不匀，同时也起到遮光保湿的作用。

3. 催芽。将播种后的育苗盘摞叠起来，6~8个一摞置于立架上，每摞之间留有空隙，便于操作和空气流动。每天调换育苗盘上下、前后的位置，并及时补水2~3次，保持温度20℃左右，催芽2~3天芽苗高约1.5厘米，此时将盘移到栽培室平放于栽培架上进行培养。

4. 遮光培养。催芽后的育苗盘按盘间距3~5厘米摆放在栽培架上，摆好后实行遮光（黑布或遮阳网遮窗、盖棚）、保温（22℃~25℃）、保湿（定时喷淋）培养。

5. 见光培养。待豌豆苗高8~10厘米时，将育苗盘移至光照区培养。第一天见散射光，第二、第三天可见自然光。此阶段温湿管理按原要求进行，当苗高15厘米左右时即可采收。优质豌豆苗的标准是芽苗绿色、有亮绿光泽，叶片厚实，整盘幼苗高度整齐，无烂根、烂茎现象，苗秆（胚轴）粗壮。

6. 采收上市。由于豌豆属子叶不出土类型，因而采收时应从豆瓣基部剪下，洗净后扎把或装袋、装盒上市。豌豆苗比萝卜芽、香椿芽等都要粗壮，不易倒伏，因此，可以整盘活体上市，需取食时随时采割。收获的豌豆苗若要暂时保存可将装袋的芽苗置于0℃~2℃环境中，保持较高湿度、无光或仅有弱光，可保存1周以上，风味基本不变。

（三）生产中应注意的问题

1. 幼苗徒长细弱。在光照太弱的环境条件下，豌豆苗易长得细长瘦弱，造成商品价值和产量降低。而过强的光照或强光照射时间太长则会造成豆苗纤维素增多，口感差。因此，生产管理中应注意光照强度和照光时间，见光培养时光强在5000勒克斯左右为宜。

2. 温湿度调节。培养豌豆苗适宜温度为22℃左右，空气湿度为70%~80%。培养期间不但要保持种子、基质湿润，而且要保持栽培场所地面和空气湿润，不能干旱缺水，因此，要根据上述要求定时对育苗盘、地面喷水。